1

a) 7 + 3 = 10
4 + 6 = 10
1 + 9 = 10

b) 8 + 2 = 10
5 + 5 = 10
2 + 8 = 10

c) 9 + 1 = 10
6 + 4 = 10
3 + 7 = 10

Zahlenfreunde

2

a) 7 + 1 = 8
5 + 3 = 8
3 + 5 = 8

b) 6 + 3 = 9
1 + 8 = 9
4 + 5 = 9

c) 5 + 2 = 7
1 + 6 = 7
0 + 7 = 7

3

a) 7 + 7 = 14
2 + 2 = 4

b) 9 + 9 = 18
5 + 5 = 10

c) 4 + 4 = 8
10 + 10 = 20

d) 3 + 3 = 6
0 + 0 = 0

4

a) 13 − 3 = 10
17 − 7 = 10

b) 18 − 8 = 10
11 − 1 = 10

c) 16 − 6 = 10
14 − 4 = 10

d) 12 − 2 = 10
15 − 5 = 10

5

a) 13 − 10 = 3
17 − 10 = 7

b) 12 − 10 = 2
19 − 10 = 9

c) 18 − 10 = 8
11 − 10 = 1

d) 10 − 10 = 0
20 − 10 = 10

6

3 + 3 = 6
1 + 1 = 2
15 − 10 = 5
6 + 6 = 12
19 − 10 = 9
7 + 7 = 14
13 − 10 = 3
5 + 5 = 10

2 + 2 = 4
10 + 10 = 20
8 + 8 = 16
17 − 10 = 7
0 + 0 = 0
4 + 4 = 8
11 − 10 = 1
9 + 9 = 18

Rechenstrategien

1 Erst bis zur 10, dann weiter

8 + 7 = 15

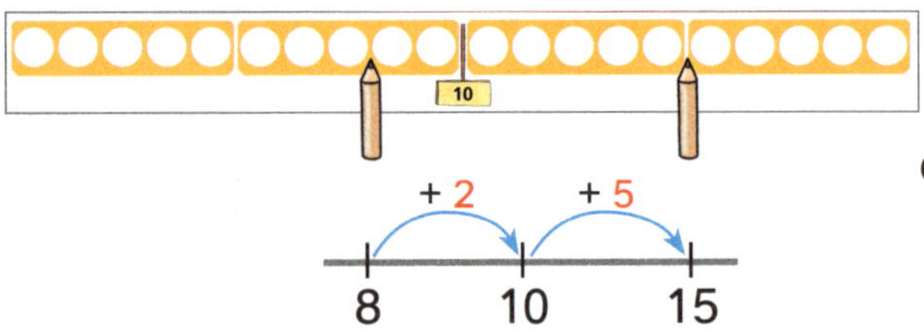

a) 7 + 6 = 13
8 + 6 = 14
5 + 6 = 11

b) 9 + 5 = 14
7 + 5 = 12
8 + 5 = 13

c) 7 + 4 = 11
9 + 4 = 13
8 + 4 = 12

d) 9 + 8 = 17
5 + 8 = 13
4 + 8 = 12

2 Die kleine Schwester hilft.

a) 16 + 3 = 19
12 + 4 = 16

b) 12 + 5 = 17
11 + 3 = 14

c) 14 + 6 = 20
11 + 8 = 19

d) 15 + 3 = 18
13 + 4 = 17

3 Denke auch an die Tauschaufgabe.

a) 1 + 19 = 20
5 + 13 = 18

b) 7 + 11 = 18
8 + 12 = 20

c) 3 + 11 = 14
5 + 14 = 19

d) 2 + 15 = 17
4 + 14 = 18

4 Erst zurück zur 10, dann weiter

14 – 6 = 8

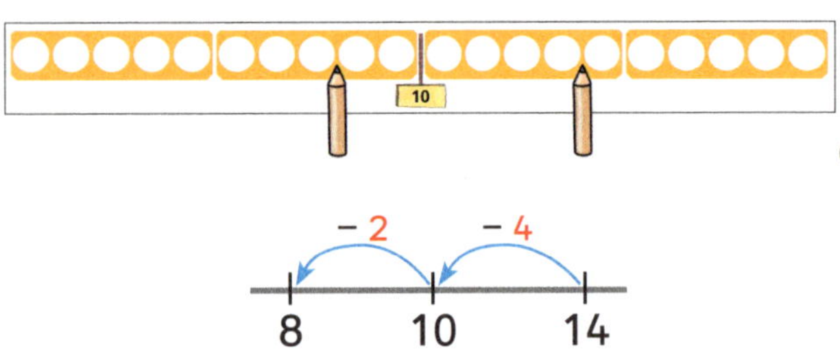

a) 14 – 7 = 7
14 – 8 = 6
14 – 5 = 9

b) 13 – 4 = 9
13 – 7 = 6
13 – 8 = 5

c) 16 – 8 = 8
16 – 7 = 9
16 – 9 = 7

d) 12 – 4 = 8
12 – 6 = 6
12 – 8 = 4

5

a) 19 – 4 = 15
18 – 2 = 16
16 – 3 = 13

b) 14 – 3 = 11
17 – 5 = 12
18 – 4 = 14

c) 15 – 4 = 11
18 – 5 = 13
13 – 3 = 10

d) 17 – 3 = 14
20 – 7 = 13
18 – 0 = 18

6

a) 14 – 9 = 5
14 – 10 = 4

b) 16 – 9 = 7
16 – 10 = 6

c) 11 – 9 = 2
11 – 10 = 1

1 Eine Traube ist faul. Streiche sie durch. Rechne die anderen.

a) 17 7 / 10

b) 16 4 / 12

c) 12 6 / 6

d) 13 14 / (durchgestrichen)

2 Eine Traube ist faul.

a) 11 5 1 / 6 4 / 2

b) 13 8 3 / 5 5 / 0

c) 14 9 2 / 5 7 / (durchgestrichen)

d) 20 8 6 / 12 2 / 10

3

a) 15 5 5 / 10 0 / 10

b) 15 6 5 / 9 1 / 8

c) 15 7 5 / 8 2 / 6

d) 15 8 5 / 7 3 / 4

e) Von Traube zu Traube: Oben in der Mitte immer 1 mehr,
unten immer 2 weniger.

4

a) 17 / 12 5

b) 20 / 13 7

c) 13 / 9 4

d) 14 / 8 6

5

a) 14 / 8 6 / 6 2 4

b) 16 / 9 7 / 6 3 4

c) 18 / 10 8 / 6 4 4

d) 20 / 11 9 / 6 5 4

e) Von Mauer zu Mauer: Unten in der Mitte immer 1 mehr,
oben immer 2 mehr.

6

a) 19 / 9 10 / 1 8 2

b) 20 / 13 7 / 9 4 3

c) 18 / 11 7 / 6 5 2

d) 19 / 10 9 / 7 3 6

Rechts – links, vorne – hinten

1 Farbige Autos stehen auf dem Tisch.
Male die Autos richtig an.
Welches Auto sieht Felix

a) hinten links?  b) vorne links? 

2 Welches Auto sieht Emma

a) hinten links?  b) vorne links? 

3 Welches Auto sieht Noah

a) vorne rechts?  b) hinten links? 

4 Welches Auto sieht Mats

a) hinten links?  b) vorne rechts? 

5 Welches Auto sieht Lilli

a) hinten rechts?  b) vorne links? 

6 Welches Auto sieht Finja

a) vorne links?  b) hinten rechts? 

7 Welches Auto sieht Sofia

a) hinten rechts?  b) vorne rechts? 

8 Welches Auto sieht Emilio

a) vorne links?  b) hinten links? 

9 Wo sieht Jakob das Auto? Schreibe.

a)  vorne links

b)  hinten links

10 Wo sieht Luisa das Auto? Schreibe.

a)  hinten rechts

b)  vorne links

1 Zeichne. Beginne am blauen Punkt. Welche Zahlen sind es?

a)

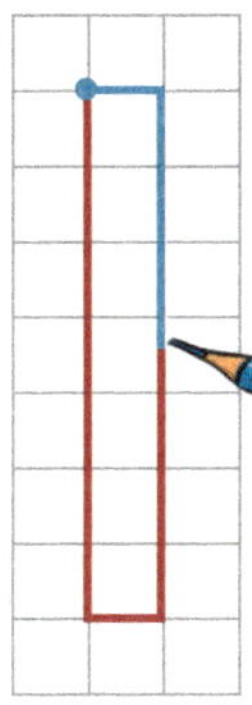

1 nach rechts
7 nach unten
1 nach links
7 nach oben

Zahl 1

b)

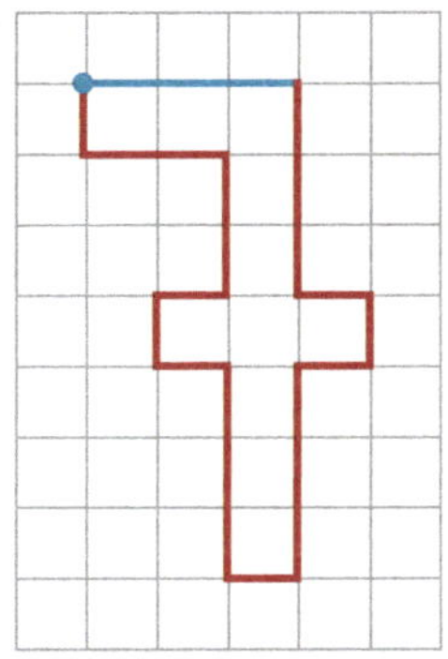

3 nach rechts
3 nach unten
1 nach rechts
1 nach unten
1 nach links
3 nach unten
1 nach links
3 nach oben
1 nach links
1 nach oben
1 nach rechts
2 nach oben
2 nach links
1 nach oben

Zahl 7

2 Welche Zahlen zeichnen die Kinder? Ordne zu. Wie geht es weiter?

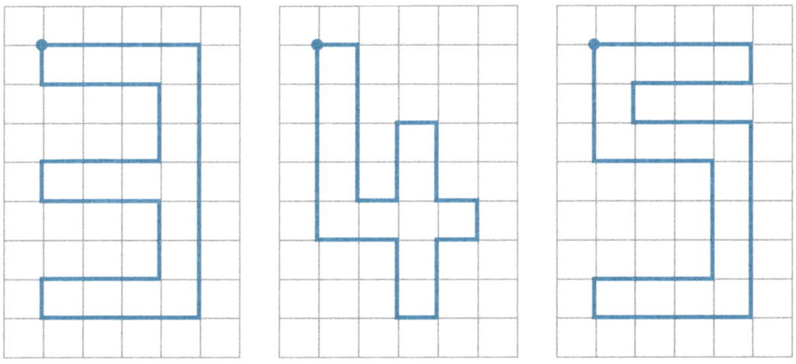

4 nach rechts
1 nach unten
3 nach links
1 nach unten
3 nach rechts
5 nach unten
4 nach links
1 nach oben
3 nach rechts
3 nach oben
3 nach links
3 nach oben

Elli zeichnet die 5.

4 nach rechts
7 nach unten
4 nach links
1 nach oben
3 nach rechts
2 nach oben
3 nach links
1 nach oben
3 nach rechts
2 nach oben
3 nach links
1 nach oben

Tim zeichnet die 3.

1 nach rechts
4 nach unten
1 nach rechts
2 nach oben
1 nach rechts
2 nach unten
1 nach rechts
1 nach unten
1 nach links
2 nach unten
1 nach links
2 nach oben
2 nach links
5 nach oben

Pia zeichnet die 4.

Bündeln

1

a)

2 Z + 8 E = 28

20 + 8 = 28

b)

6 Z + 2 E = 62

60 + 2 = 62

c)

3 Z + 3 E = 33

30 + 3 = 33

2 Wie heißt die Zahl? Zeichne in Geheimschrift.

a)

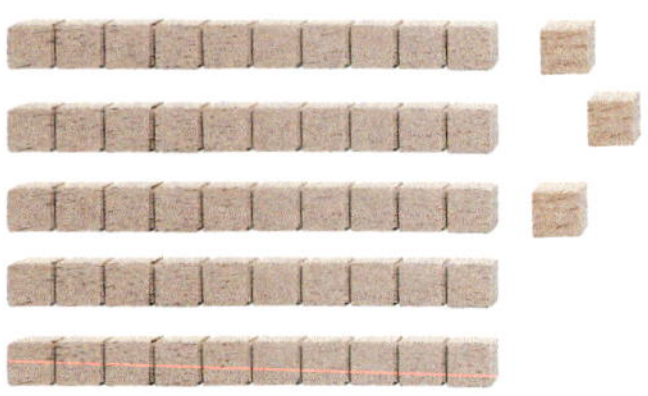

5 Z + 3 E = 53

50 + 3 = 53

b)

2 Z + 5 E = 25

20 + 5 = 25

c)

3 Z + 6 E = 36

30 + 6 = 36

3 Wie heißt die Zahl?

a)

7 Z + 6 E = 76

70 + 6 = 76

b)

9 Z + 1 E = 91

90 + 1 = 91

c)

6 Z + 4 E = 64

60 + 4 = 64

4 Zeichne in Geheimschrift. Schreibe auch die Zahl dazu.

a) vierundzwanzig

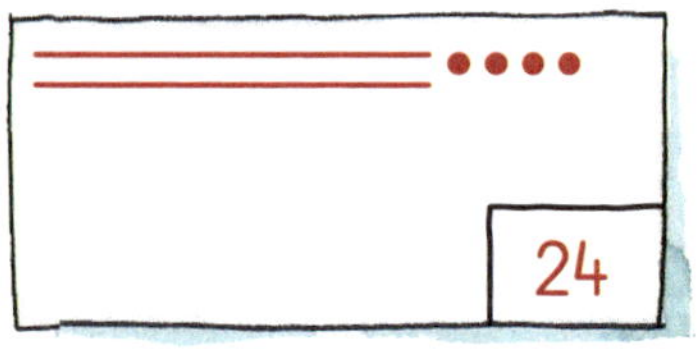

b) zweiundfünfzig

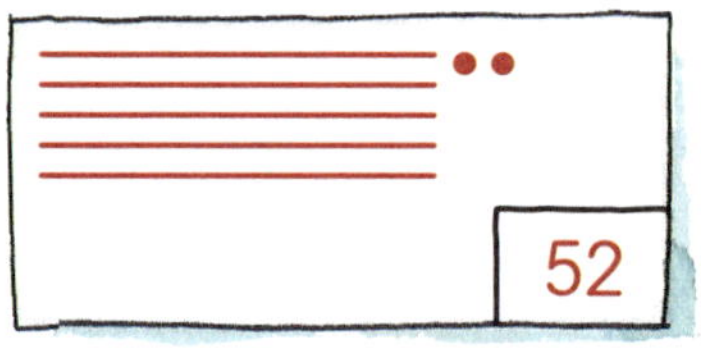

c) einundvierzig

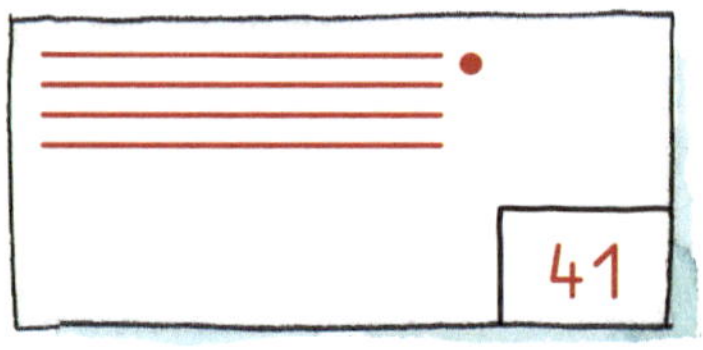

5 Zerlege in Zehner und Einer.

a) 74 = 7 Z + 4 E

74 = 70 + 4

b) 18 = 1 Z + 8 E

18 = 10 + 8

c) 56 = 5 Z + 6 E

56 = 50 + 6

1 Schreibe in Geheimschrift und rechne.

a) 63 – 40 = 23

b) 54 – 20 = 34

c) 72 – 50 = 22

2

a) 70 – 20 = 50
76 – 20 = 56

b) 90 – 30 = 60
97 – 30 = 67

c) 60 – 40 = 20
65 – 40 = 25

d) 80 – 50 = 30
87 – 50 = 37

3

a) 58 – 30 = 28
58 – 3 = 55

b) 89 – 40 = 49
89 – 4 = 85

c) 98 – 60 = 38
98 – 6 = 92

d) 36 – 30 = 6
36 – 3 = 33

4 Schreibe in Geheimschrift und rechne.

a) 24 + 40 = 64

b) 13 + 40 = 53

c) 31 + 40 = 71

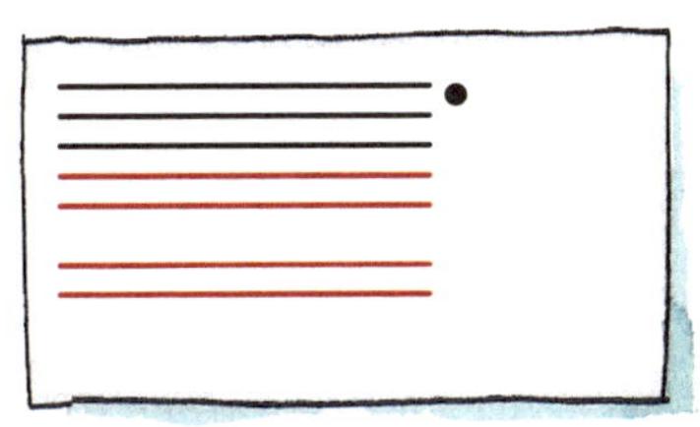

d) 50 + 25 = 75

e) 20 + 32 = 52

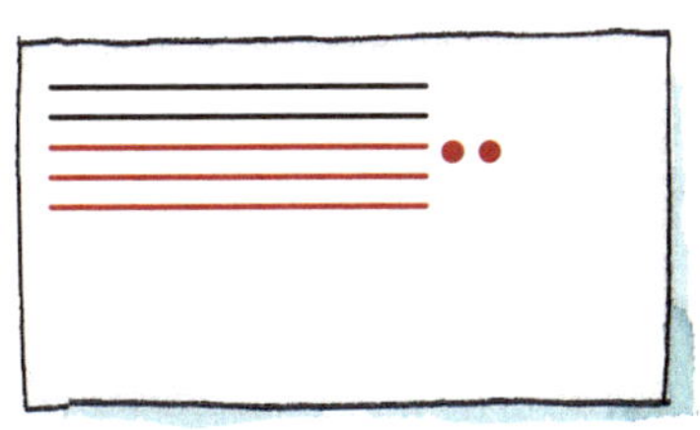

f) 30 + 53 = 83

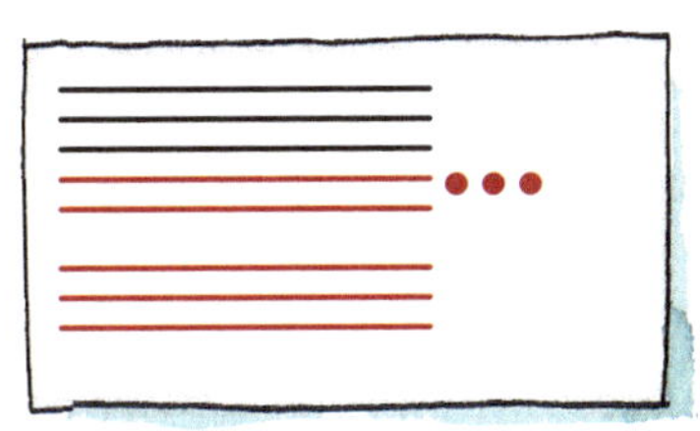

5

a) 60 + 20 = 80
63 + 20 = 83

b) 30 + 40 = 70
39 + 40 = 79

c) 50 + 30 = 80
57 + 30 = 87

d) 40 + 50 = 90
46 + 50 = 96

6

a) 20 + 50 = 70
20 + 55 = 75

b) 80 + 10 = 90
80 + 18 = 98

c) 30 + 30 = 60
30 + 34 = 64

d) 40 + 40 = 80
40 + 42 = 82

7

a) 47 + 20 = 67
47 + 2 = 49

b) 54 + 30 = 84
54 + 3 = 57

c) 22 + 60 = 82
22 + 6 = 28

d) 65 + 30 = 95
65 + 3 = 68

Hunderterkette

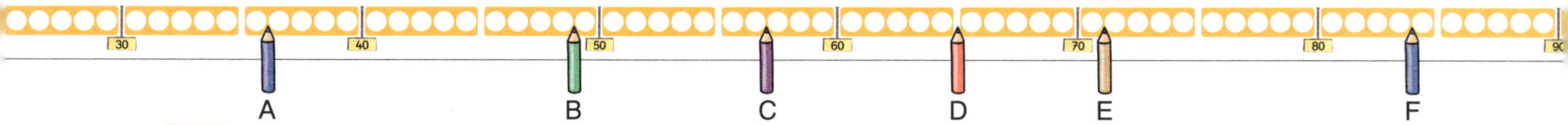

1 Wo liegt der Stift? Wie heißt die Zahl?

A = 36 B = 49 C = 57 D = 65 E = 71 F = 84

2 Zähle vorwärts und rückwärts. Schreibe die Zahlen.

a) 35, 36, 37, 38, 39, 40, 41, 42, 43, 44, 45

b) 77, 78, 79, 80, 81, 82, 83, 84, 85, 86, 87

c) 63, 62, 61, 60, 59, 58, 57, 56, 55, 54, 53

d) 56, 55, 54, 53, 52, 51, 50, 49, 48, 47, 46

3 a)

V	Zahl	N
29	30	31
73	74	75
47	48	49

b)

V	Zahl	N
51	52	53
85	86	87
36	37	38

c)

V	Zahl	N
38	39	40
60	61	62
98	99	100

4 Vor zum Nachbarzehner.

a) 63 + 7 = 70
74 + 6 = 80
32 + 8 = 40

b) 41 + 9 = 50
86 + 4 = 90
68 + 2 = 70

c) 55 + 5 = 60
49 + 1 = 50
97 + 3 = 100

5 a) 20 − 7 = 13
40 − 3 = 37
50 − 1 = 49

b) 80 − 5 = 75
60 − 2 = 58
30 − 6 = 24

c) 70 − 4 = 66
90 − 9 = 81
100 − 8 = 92

6 Ordne nach der Größe. Beginne mit der kleinsten Zahl.

a) 74, 37, 43
37, 43, 74

b) 82, 8, 28
8, 28, 82

c) 65, 56, 66
56, 65, 66

7 Vergleiche. Welche Zahl ist größer? Setze < oder > ein.

a) 37 < 39
48 > 42
70 < 79

b) 62 > 26
17 < 71
69 < 70

c) 54 > 45
67 < 76
83 > 38

1 2 3 4 5 6 7 8 9 10 11 12 13 14 15 16 17 18 19 20 21 22 23 24 25 26 27 28 29 30

1 Schreibe alle Zahlen auf, von klein nach groß.

a) Gerade Zahlen von 30 bis 40: 30, 32, 34, 36, 38, 40

b) Ungerade Zahlen von 66 bis 77: 67, 69, 71, 73, 75, 77

c) Gerade Zahlen zwischen 45 und 55: 46, 48, 50, 52, 54

2 Immer fünf Zahlen sind gerade. Kreise ein.

a) (16) (18) (24) 33 35 41 (58) (60) 97 99

b) 7 (12) (20) 25 (44) 63 (70) 77 81 (90)

c) 15 29 (32) 39 (46) 59 (66) 71 (96) (100)

3 Setze ein: gerade oder ungerade.

a) Alle Zahlen mit 3 Einern sind ungerade.

b) Alle Zahlen mit 6 Einern sind gerade.

c) Alle Zahlen mit 4 Einern sind gerade.

4 Ist das Ergebnis gerade oder ungerade? Rechne und kreuze an.
Schreibe eine weitere passende Aufgabe. Rechne und kontrolliere.

(Kästchen: grün = gerade, orange = ungerade)

a) 6 + 2 = 8 ☒ ☐
8 + 8 = 16 ☒ ☐
z. B. 4 + 6 = 10 ☒ ☐

b) 20 + 40 = 60 ☒ ☐
30 + 50 = 80 ☒ ☐
z. B. 60 + 10 = 70 ☒ ☐

c) 42 + 30 = 72 ☒ ☐
14 + 20 = 34 ☒ ☐
z. B. 26 + 40 = 66 ☒ ☐

d) 1 + 7 = 8 ☒ ☐
5 + 5 = 10 ☒ ☐
z. B. 9 + 3 = 12 ☒ ☐

e) 11 + 3 = 14 ☒ ☐
45 + 5 = 50 ☒ ☐
z. B. 27 + 9 = 36 ☒ ☐

f) 7 + 27 = 34 ☒ ☐
9 + 33 = 42 ☒ ☐
z. B. 5 + 81 = 86 ☒ ☐

g) 2 + 5 = 7 ☐ ☒
6 + 7 = 13 ☐ ☒
z. B. 8 + 9 = 17 ☐ ☒

h) 21 + 4 = 25 ☐ ☒
63 + 2 = 65 ☐ ☒
z. B. 37 + 6 = 43 ☐ ☒

i) 5 + 54 = 59 ☐ ☒
3 + 76 = 79 ☐ ☒
z. B. 1 + 42 = 43 ☐ ☒

Für die letzte Aufgabe gibt es jeweils viele verschiedene Lösungen.

Zentimeter und Meter

1 Wie lang sind die Streifen?
Schätze zuerst, dann miss.

a)
b)
c)
d)
e)
f)

	geschätzt	gemessen
a)	____ cm	7 cm
b)	____ cm	4 cm
c)	____ cm	5 cm
d)	____ cm	3 cm
e)	____ cm	8 cm
f)	____ cm	6 cm

2 Zeichne die Strecken.

a) 4 cm
b) 9 cm
c) 2 cm
d) 11 cm
e) 6 cm
f) 12 cm

a)
b)
c)
d)
e)
f)

3 Ordne die Längen richtig zu.

1 cm | 15 cm | 30 cm | 80 cm | 1 m | 2 m | 4 m

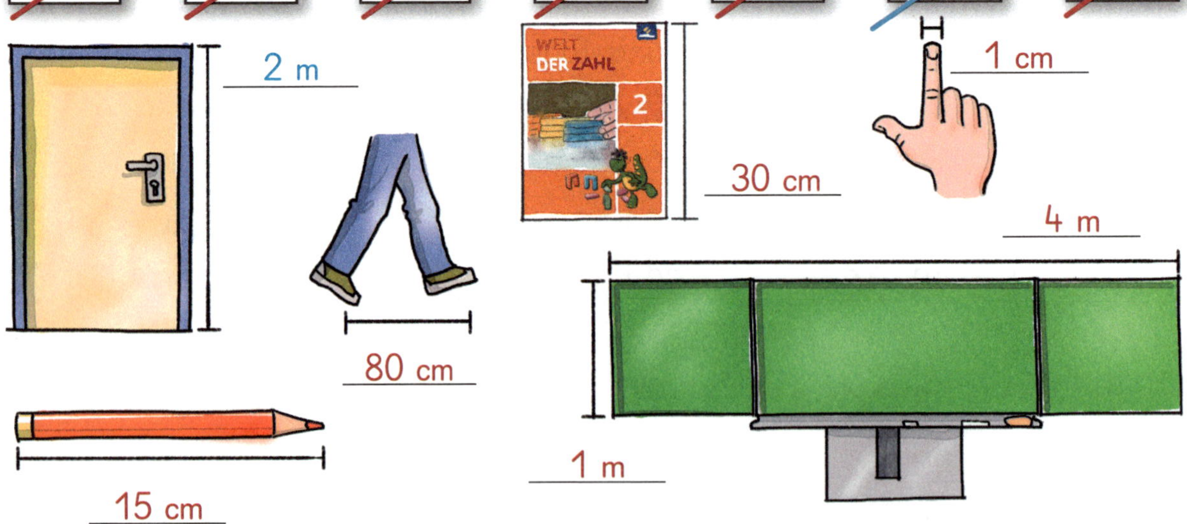

4 Große Längen – kleine Längen. Setze ein: m oder cm.

a) Das Tafellineal ist 1 __m__ lang.

b) Der Schultisch ist 70 __cm__ hoch.

c) Das Heft ist 21 __cm__ breit.

d) Die Klasse ist 600 __cm__ breit.

e) Der Schulweg ist 400 __m__ lang.

f) Niko kann 3 __m__ weit springen.

1 Mit den AUGEN sehen wir Farben und Formen.

65 + 4 =	69	A
33 + 2 =	35	U
24 + 3 =	27	G
51 + 6 =	57	E
82 + 6 =	88	N

AUGEN

2 Mit den OHREN hören wir Töne und Geräusche.

97 + 2 =	99	O
41 + 7 =	48	H
62 + 3 =	65	R
57 + 0 =	57	E
83 + 5 =	88	N

OHREN

3 Mit der NASE riechen wir den Duft der Blumen.

80 + 8 =	88	N
66 + 3 =	69	A
72 + 4 =	76	S
54 + 3 =	57	E

NASE

4 Mit der ZUNGE schmecken wir. Ist etwas süß, sauer, salzig oder bitter?

40 + 9 =	49	Z
32 + 3 =	35	U
86 + 2 =	88	N
22 + 5 =	27	G
53 + 4 =	57	E

ZUNGE

5 Mit der HAUT tasten wir. Wir fühlen, wie Dinge sind: hart oder weich, kalt oder heiß, glatt oder rau.

42 + 6 =	48	H
67 + 2 =	69	A
31 + 4 =	35	U
33 + 6 =	39	T

HAUT

Addieren mit Überschreiten

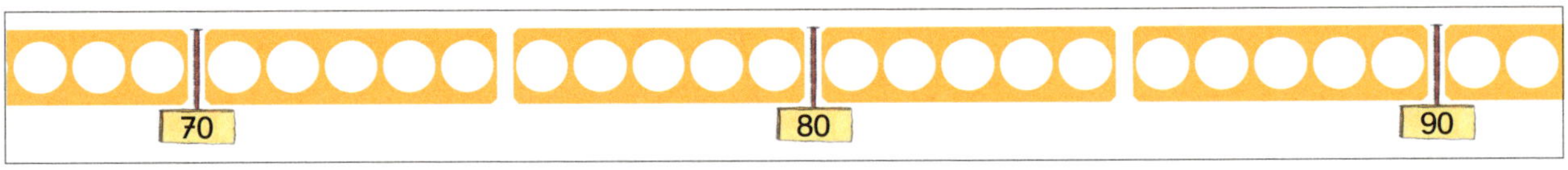

1 Zeige mit den Stiften und löse dann mit dem Rechenstrich.

a) 74 + 8 = 82
+ 6 + 2
74 80 82

b) 77 + 6 = 83
+ 3 + 3
77 80 83

c) 78 + 7 = 85
+ 2 + 5
78 80 85

2 Löse mit dem Rechenstrich.

a) 76 + 5 = 81
+ 4 + 1
76 80 81

b) 78 + 6 = 84
+ 2 + 4
78 80 84

c) 55 + 8 = 63
+ 5 + 3
55 60 63

d) 46 + 7 = 53
+ 4 + 3
46 50 53

e) 37 + 9 = 46
+ 3 + 6
37 40 46

f) 89 + 4 = 93
+ 1 + 3
89 90 93

3 Rechne zuerst. Dann kontrolliere dich selbst.

a) 27 + 5 = 32
57 + 5 = 62
67 + 5 = 72

b) 14 + 8 = 22
27 + 8 = 35
66 + 8 = 74

c) 66 + 5 = 71
77 + 7 = 84
44 + 8 = 52

d) 94 + 6 = 100
36 + 7 = 43
47 + 9 = 56

22 32 35 43 52 56 62 71 72 74 84 94 100

4 Manchmal hilft die Tauschaufgabe.

a) 8 + 36 = 44
6 + 47 = 53
4 + 59 = 63

b) 54 + 7 = 61
66 + 8 = 74
88 + 5 = 93

c) 4 + 88 = 92
9 + 48 = 57
7 + 47 = 54

d) 6 + 77 = 83
8 + 37 = 45
5 + 66 = 71

44 45 53 54 57 61 63 71 74 81 83 92 93

5

a)

	66	
58	8	
54	4	4

b)

	82	
7	75	
2	5	70

c)

	67	
59	8	
53	6	2

d)

	75	
10	65	
7	3	62

1 a) 57 + 9 = 66 b) 36 + 9 = 45 c) 66 + 9 = 75
82 + 9 = 91 48 + 9 = 57 77 + 9 = 86

~~45~~ ~~57~~ ~~66~~ 68 ~~75~~ ~~86~~ ~~91~~

2 a) 39 + 4 = 43 b) 89 + 7 = 96 c) 59 + 6 = 65
49 + 3 = 52 79 + 5 = 84 69 + 8 = 77

~~43~~ ~~52~~ ~~65~~ ~~77~~ ~~84~~ 86 ~~96~~

3 a) 66 + 7 + 4 = 77 b) 74 + 8 + 6 = 88 c) 16 + 9 + 4 = 29
28 + 9 + 2 = 39 49 + 7 + 1 = 57 35 + 8 + 5 = 48
57 + 8 + 3 = 68 82 + 9 + 8 = 99 18 + 6 + 2 = 26

~~26~~ ~~29~~ ~~39~~ ~~48~~ 49 ~~57~~ ~~68~~ ~~77~~ ~~88~~ ~~99~~

4 Wie geht es weiter?

a)
33 + 6 = 39
33 + 7 = 40
33 + 8 = 41
33 + 9 = 42
33 + 10 = 43

b)
67 + 4 = 71
68 + 4 = 72
69 + 4 = 73
70 + 4 = 74
71 + 4 = 75

c)
45 + 8 = 53
55 + 8 = 63
65 + 8 = 73
75 + 8 = 83
85 + 8 = 93

5 a)
68 + 4 = 72
69 + 5 = 74
70 + 6 = 76
71 + 7 = 78
72 + 8 = 80

b)
35 + 9 = 44
36 + 8 = 44
37 + 7 = 44
38 + 6 = 44
39 + 5 = 44

c)
26 + 5 = 31
36 + 6 = 42
46 + 7 = 53
56 + 8 = 64
66 + 9 = 75

6 Jede Regel gehört zu einem Päckchen in Aufgabe 5.
Setze die Regeln fort und ordne sie dem richtigen Päckchen zu.

Regel A
Erste Zahl immer 10 mehr, zweite Zahl immer 1 mehr, Ergebnis immer 11 mehr.

Päckchen c)

Regel B
Erste Zahl immer 1 mehr, zweite Zahl immer 1 mehr, Ergebnis immer 2 mehr.

Päckchen a)

Regel C
Erste Zahl immer 1 mehr, zweite Zahl immer 1 weniger, Ergebnis immer gleich.

Päckchen b)

Subtrahieren in einem Zehner

1 Berat geht SCHWIMMEN.

36 − 4 =	32	S
53 − 3 =	50	C
70 − 6 =	64	H
95 − 2 =	93	W
88 − 7 =	81	I
49 − 6 =	43	M
50 − 7 =	43	M
79 − 8 =	71	E
25 − 3 =	22	N

SCHWIMMEN

2 Sein Freund Fabio spielt lieber mit seinem HUND.

68 − 4 =	64	H
59 − 2 =	57	U
29 − 7 =	22	N
38 − 3 =	35	D

HUND

3 Dona malt gerne BILDER.

86 − 2 =	84	B
89 − 8 =	81	I
27 − 3 =	24	L
40 − 5 =	35	D
80 − 9 =	71	E
100 − 6 =	94	R

BILDER

4 Leonie liest gerne. Ihre Oma sagt, Leonie ist ein BÜCHERWURM.

85 − 1 =	84	B
79 − 6 =	73	Ü
59 − 9 =	50	C
66 − 2 =	64	H
74 − 3 =	71	E
99 − 5 =	94	R
93 − 0 =	93	W
60 − 3 =	57	U
96 − 2 =	94	R
48 − 5 =	43	M

BÜCHERWURM

5 Oskar übt GITARRE.

40 − 7 =	33	G
86 − 5 =	81	I
50 − 3 =	47	T
69 − 3 =	66	A
98 − 4 =	94	R
95 − 1 =	94	R
80 − 9 =	71	E

GITARRE

22	24	32	33	35	43	47	50	57	64	66	71	73	81	84	93	94
N	L	S	G	D	M	T	C	U	H	A	E	Ü	I	B	W	R

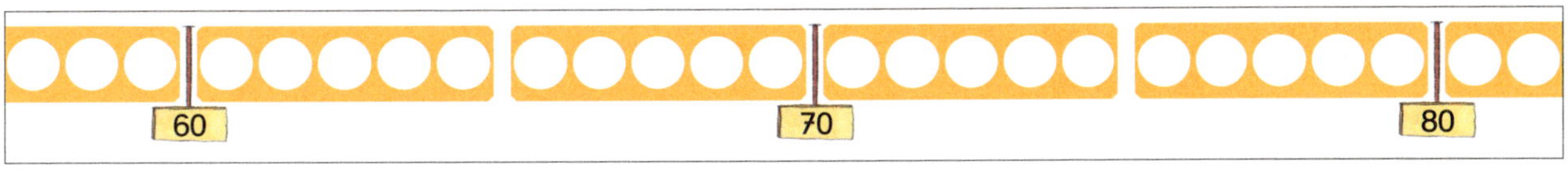

1 Zeige mit den Stiften und löse dann mit dem Rechenstrich.

a) 73 − 7 = 66
− 4 − 3
66 70 73

b) 75 − 8 = 67
− 3 − 5
67 70 75

c) 74 − 6 = 68
− 2 − 4
68 70 74

2 Löse mit dem Rechenstrich.

a) 74 − 8 = 66
− 4 − 4
66 70 74

b) 81 − 5 = 76
− 4 − 1
76 80 81

c) 63 − 6 = 57
− 3 − 3
57 60 63

d) 96 − 9 = 87
− 3 − 6
87 90 96

e) 53 − 4 = 49
− 1 − 3
49 50 53

f) 42 − 7 = 35
− 5 − 2
35 40 42

3

a)	b)	c)	d)
24 − 6 = 18	42 − 8 = 34	21 − 5 = 16	45 − 7 = 38
64 − 6 = 58	72 − 8 = 64	41 − 5 = 36	55 − 7 = 48
94 − 6 = 88	92 − 8 = 84	61 − 5 = 56	85 − 7 = 78

~~16~~ ~~18~~ ~~34~~ ~~36~~ ~~38~~ ~~48~~ 54 ~~56~~ ~~58~~ ~~64~~ ~~78~~ ~~84~~ ~~88~~

4

a)	b)	c)	d)
33 − 7 = 26	36 − 8 = 28	52 − 8 = 44	94 − 8 = 86
22 − 6 = 16	54 − 7 = 47	61 − 4 = 57	72 − 5 = 67
44 − 9 = 35	41 − 3 = 38	92 − 7 = 85	87 − 9 = 78

~~16~~ ~~26~~ ~~28~~ ~~35~~ ~~38~~ ~~44~~ ~~47~~ ~~57~~ ~~67~~ 68 ~~78~~ ~~85~~ ~~86~~

5

a)

b)

c)

d)

Den Zahlenblick schärfen

1 a) 73 − 9 = 64 b) 93 − 9 = 84 c) 27 − 9 = 18
81 − 9 = 72 55 − 9 = 46 32 − 9 = 23
66 − 9 = 57 48 − 9 = 39 99 − 9 = 90

~~18~~ ~~23~~ ~~39~~ ~~46~~ ~~57~~ ~~64~~ 67 ~~72~~ ~~84~~ ~~90~~

2 Achte auf die Ergebnisse. Schreibe ein passendes Päckchen dazu.

a) 52 − 8 = 44 b) 63 − 7 = 56 c) 74 − 6 = 68 d) 85 − 5 = 80
50 − 6 = 44 60 − 4 = 56 70 − 2 = 68 80 − 0 = 80

3 a) 73 − 7 − 3 = 63 b) 36 − 8 − 6 = 22 c) 49 − 9 − 1 = 39
44 − 4 − 9 = 31 82 − 8 − 2 = 72 93 − 6 − 3 = 84

4 Wie geht es weiter?

a)	b)	c)
44 − 5 = 39	62 − 8 = 54	71 − 8 = 63
44 − 6 = 38	62 − 7 = 55	72 − 8 = 64
44 − 7 = 37	62 − 6 = 56	73 − 8 = 65
44 − 8 = 36	62 − 5 = 57	74 − 8 = 66
44 − 9 = 35	62 − 4 = 58	75 − 8 = 67

5

a)	b)	c)
91 − 4 = 87	82 − 5 = 77	34 − 6 = 28
81 − 4 = 77	83 − 6 = 77	44 − 6 = 38
71 − 4 = 67	84 − 7 = 77	54 − 6 = 48
61 − 4 = 57	85 − 8 = 77	64 − 6 = 58
51 − 4 = 47	86 − 9 = 77	74 − 6 = 68

6 Jede Regel gehört zu einem Päckchen in Aufgabe 5.
Setze die Regeln fort und ordne sie dem richtigen Päckchen zu.

Regel A	Regel B	Regel C
Erste Zahl immer 10 mehr, zweite Zahl immer gleich, Ergebnis immer 10 mehr.	Erste Zahl immer 10 weniger, zweite Zahl immer gleich, Ergebnis immer 10 weniger.	Erste Zahl immer 1 mehr, zweite Zahl immer 1 mehr, Ergebnis immer gleich.
Päckchen c)	Päckchen a)	Päckchen b)

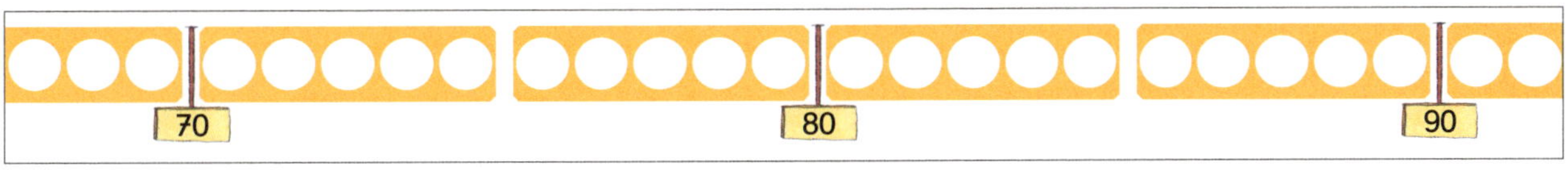

1 Zeige mit den Stiften und löse dann mit dem Rechenstrich.

a) 75 + 7 = 82
+ 5 + 2
75 80 82

b) 77 + 8 = 85
+ 3 + 5
77 80 85

c) 88 + 3 = 91
+ 2 + 1
88 90 91

2 Löse mit dem Rechenstrich.

a) 69 + 5 = 74
+ 1 + 4
69 70 74

b) 56 + 6 = 62
+ 4 + 2
56 60 62

c) 38 + 4 = 42
+ 2 + 2
38 40 42

3

a)	b)	c)	d)
46 + 7 = 53	37 + 5 = 42	19 + 5 = 24	83 + 8 = 91
46 + 5 = 51	35 + 7 = 42	25 + 8 = 33	68 + 3 = 71
46 + 9 = 55	39 + 3 = 42	57 + 6 = 63	36 + 5 = 41

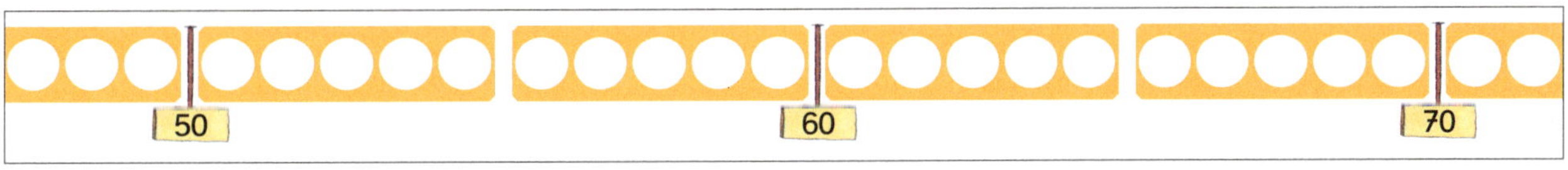

4 Zeige mit den Stiften und löse dann mit dem Rechenstrich.

a) 62 – 5 = 57
– 3 – 2
57 60 62

b) 65 – 6 = 59
– 1 – 5
59 60 65

c) 71 – 8 = 63
– 7 – 1
63 70 71

5 Löse mit dem Rechenstrich.

a) 84 – 7 = 77
– 3 – 4
77 80 84

b) 46 – 8 = 38
– 2 – 6
38 40 46

c) 92 – 6 = 86
– 4 – 2
86 90 92

6

a)	b)	c)	d)
63 – 4 = 59	72 – 7 = 65	23 – 5 = 18	91 – 3 = 88
63 – 8 = 55	74 – 9 = 65	55 – 8 = 47	74 – 6 = 68
63 – 6 = 57	71 – 6 = 65	31 – 6 = 25	52 – 4 = 48

Rechnen mit Euro und Cent

1 Wie viel Euro haben die Kinder gespart?

a)

Nina: 34 €

b)

Finn: 23 €

c)

Esra: 31 €

2 Wie viel Cent liegen auf dem Teller?

a)

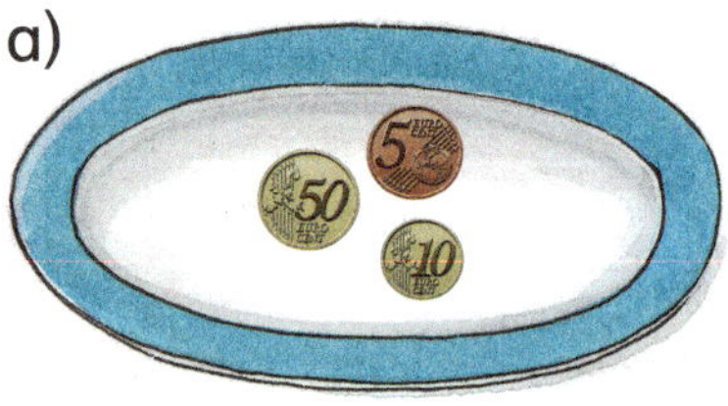

65 ct

b)

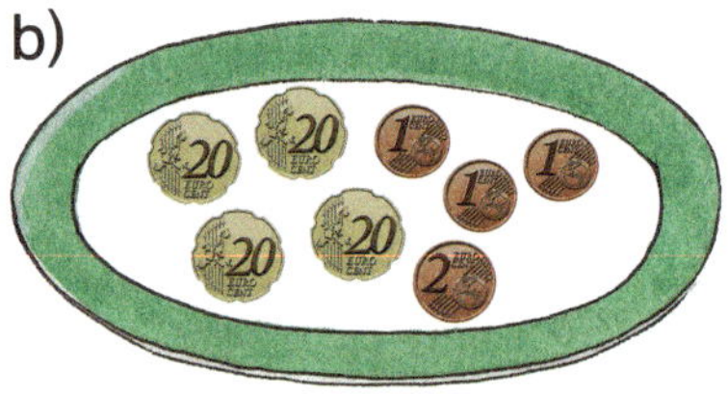

85 ct

c)

59 ct

3 Lege mit wenig Rechengeld und zeichne.

a) 53 €	50 2 1		b) 15 ct	10 5
46 €	20 20 5 1		27 ct	20 5 2
29 €	20 5 2 2		52 ct	50 2
32 €	20 10 2		90 ct	50 20 20
81 €	50 20 10 1		46 ct	20 20 5 1

4 a)

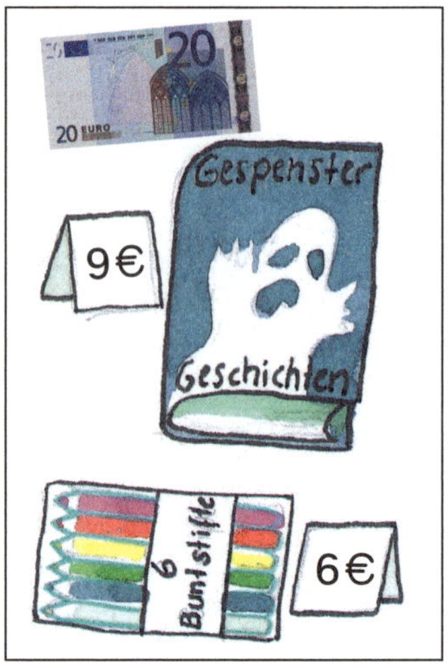

Zusammen: 15 €

Zurück: 5 €

b)

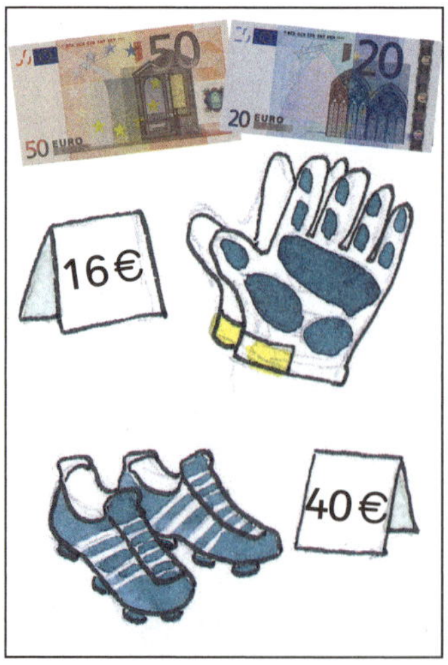

Zusammen: 56 €

Zurück: 14 €

c)

Zusammen: 34 €

Zurück: 66 €

1 immer + 4

16 | 20 | 24 | 28 | 32 | 36 | 40 | 44 | 48

2 immer − 4

80 | 76 | 72 | 68 | 64 | 60 | 56 | 52 | 48

3 immer + 6

25 | 31 | 37 | 43 | 49 | 55 | 61 | 67 | 73

4 immer − 6

92 | 86 | 80 | 74 | 68 | 62 | 56 | 50 | 44

5 immer + 9

19 | 28 | 37 | 46 | 55 | 64 | 73 | 82 | 91

6 immer +5

43 | 48 | 53 | 58 | 63 | 68 | 73 | 78 | 83

7 immer −5

86 | 81 | 76 | 71 | 66 | 61 | 56 | 51 | 46

8 immer +10

10 | 20 | 30 | 40 | 50 | 60 | 70 | 80 | 90

9 immer −5

100 | 95 | 90 | 85 | 80 | 75 | 70 | 65 | 60

Achsensymmetrie

1 Diese Figuren sind achsensymmetrisch.
Zeichne die Spiegelachse ein. Prüfe mit dem Spiegel.

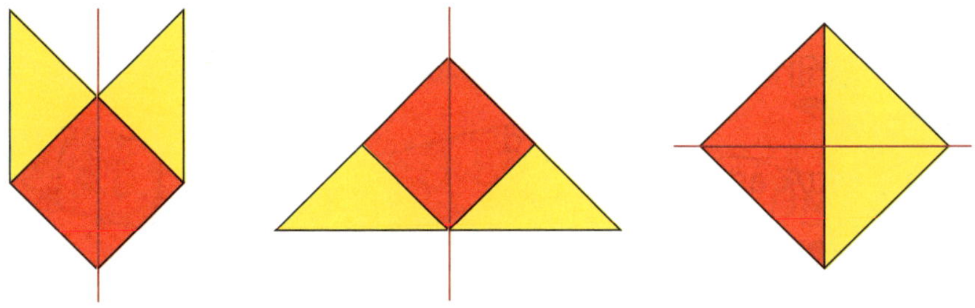

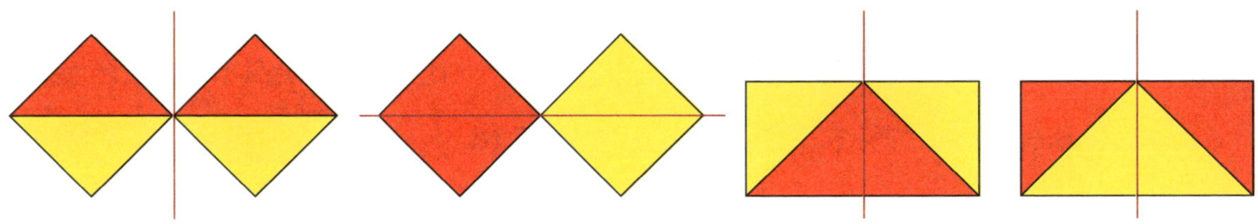

2 Welche Bilder sind achsensymmetrisch?
Prüfe mit dem Spiegel und zeichne die Spiegelachsen ein.

1 a) Welche Fragen kannst du beantworten, ohne zu rechnen? Kreuze an.

- [x] Wie viel Geld kostet das Springseil?
- [x] Was kauft Mutter ein?
- [ ] Für wen kauft Mutter die Sachen?
- [x] Wie teuer ist das Buch?
- [ ] Wie viel Geld hat Mutter dabei?
- [■] Wie viel Geld muss Mutter bezahlen?

b) Wie heißt die Frage, bei der du rechnen musst? Male das Kästchen rot an.

c) Schreibe die Rechenfrage (F), Lösung (L) und Antwort (A) auf.

F Wie viel Geld muss Mutter bezahlen?

L 8 € + 3 € = 11 €

A 11 € muss Mutter bezahlen.

2 a) Welche Fragen kannst du beantworten, ohne zu rechnen? Kreuze an.

- [ ] Wie alt ist der Verkäufer?
- [x] Wie viel Geld kostet der Bär?
- [x] Wie viel Geld gibt Anna dem Verkäufer?
- [ ] Was möchte Anna noch kaufen?
- [■] Wie viel Geld bekommt Anna zurück?
- [x] Welche Farbe hat Annas Pulli?

b) Wie heißt die Frage, bei der du rechnen musst? Male das Kästchen rot an.

c) Schreibe die Rechenfrage (F), Lösung (L) und Antwort (A) auf.

F Wie viel Geld bekommt Anna zurück?

L 20 € − 16 € = 4 €

A 4 € bekommt Anna zurück.

3 Ben kauft ein Auto für 8 € und einen Ball für 7 €.
Er bezahlt mit einem 20-€-Schein.

F Wie viel Geld bekommt Ben zurück?

L 8 € + 7 € = 15 € 20 € − 15 € = 5 €

A 5 € bekommt Ben zurück.

Wichtig zum Rechnen

1 a) Welche Informationen sind wichtig zum Rechnen? Unterstreiche sie.

Lisa ist sieben Jahre alt.
Sie spielt seit 2 Monaten Basketball.
Timo spielt schon drei Jahre.
Heute zählen sie, wie viele Körbe
sie insgesamt werfen. Timo schafft 18 Körbe.
Lisa wirft sieben Körbe.
Um 18 Uhr müssen sie nach Hause gehen.

b) Schreibe Frage (F), Lösung (L) und Antwort (A) auf.

F Wie viele Körbe werfen sie zusammen?

L 18 + 7 = 25

A 25 Körbe werfen sie zusammen.

2 Unterstreiche wichtige Informationen. Schreibe Frage, Lösung und Antwort auf.

Gestern waren zwei Spiele.
Das erste Spiel war um 11 Uhr,
das zweite Spiel um 15 Uhr.
Es waren insgesamt 70 Zuschauer da.
Zum ersten Spiel kamen 30 Zuschauer.
Mittags war Pause. Sie dauerte fast 3 Stunden.

F Wie viele Zuschauer kamen zum zweiten Spiel?

L 70 − 30 = 40 oder 30 + 40 = 70

A 40 Zuschauer kamen zum zweiten Spiel.

3

Heute sollen die Kinder zeigen,
wie gut sie Basketball spielen.
Paula und Jan sind auch dabei.
Paula ist 9 Jahre alt und Jan sieben Jahre.
Um 15 Uhr geht es los.
Paula schafft 23 Körbe.
Sie wirft acht Körbe mehr als Jan.

F Wie viele Körbe wirft Jan?

L 23 − 8 = 15

A 15 Körbe wirft Jan.

1 Die Südschule hat ein Spiel- und Sportfest gefeiert.

Klasse	Gold-Urkunde	Silber-Urkunde	Bronze-Urkunde	nicht teilgenommen
1	3	11	10	1
2	5	10	9	0
3	3	13	6	2
4	4	12	7	1

a) In welcher Klasse gab es die meisten Gold-Urkunden? in Klasse 2

b) In welcher Klasse gab es die wenigsten Bronze-Urkunden? in Klasse 3

c) Wie viele Kinder der Südschule konnten nicht teilnehmen? 4 Kinder

d) Wie viele Kinder haben insgesamt eine Gold-Urkunde bekommen? 15 Kinder

e) Wie viele Kinder sind in der Klasse 1? 25 Kinder

2 Sportunterricht in der Südschule

	Montag	Dienstag	Mittwoch	Donnerstag	Freitag
1. Stunde					
2. Stunde	Klasse 1	Klasse 2	Klasse 3	Klasse 2	
3. Stunde	Klasse 3		Klasse 1	Klasse 4	Klasse 1
4. Stunde			Klasse 2	Klasse 4	Klasse 3
5. Stunde		Klasse 4			

a) Welche Klassen haben am Dienstag Sport? Klasse 2 und Klasse 4

b) An welchen Tagen hat die Klasse 3 Sport? Montag, Mittwoch und Freitag

c) An welchen Tagen hat die Klasse 4 Sport? Dienstag und Donnerstag

d) Wie viele Stunden Sport hat jede Klasse in einer Woche? 3 Stunden

3 Die dritte und die vierte Klasse üben für das Sportabzeichen.
In jeder Klasse sind 24 Kinder. Alle möchten Bronze bekommen.
Sie haben aufgeschrieben, was sie schon gut können.

Klasse	800-m-Lauf	Werfen	Springen	30-m-Lauf
3	8	7	9	11
4	12	11	8	10

a) Wie viele Kinder der Klasse 3 müssen noch das Springen üben? 15

b) In welcher Klasse müssen noch mehr Kinder den 800-m-Lauf üben? Klasse 3

c) In welcher Klasse kann schon genau die Hälfte der Kinder
den 800-m-Lauf? in Klasse 4

zu den Seiten 54–56

Viele Mal-Aufgaben

1 Wie heißt die Mal-Aufgabe? Schreibe auch die Plus-Aufgabe.

a) 

3 · 6 = 18

6 + 6 + 6 = 18

b) 

2 · 10 = 20

10 + 10 = 20

c) 

3 · 4 = 12

4 + 4 + 4 = 12

2 a) 

5 · 3 = 15

3 + 3 + 3 + 3 + 3 = 15

b) 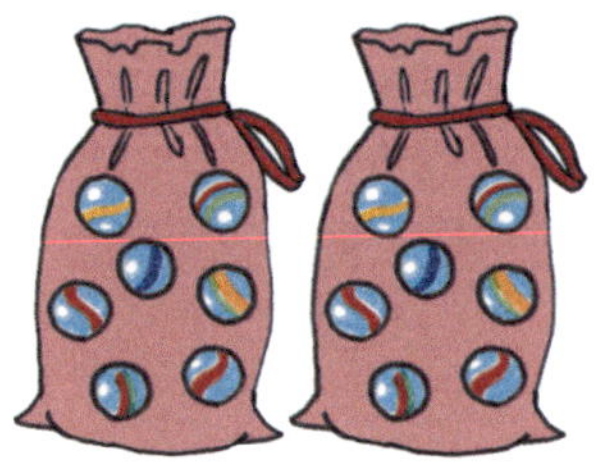

2 · 7 = 14

7 + 7 = 14

c) 

6 · 2 = 12

2+2+2+2+2+2=12

3 a) 

4 · 2 = 8

2 + 2 + 2 + 2 = 8

b) 

2 · 4 = 8

4 + 4 = 8

c) 

3 · 3 = 9

3 + 3 + 3 = 9

4 a) 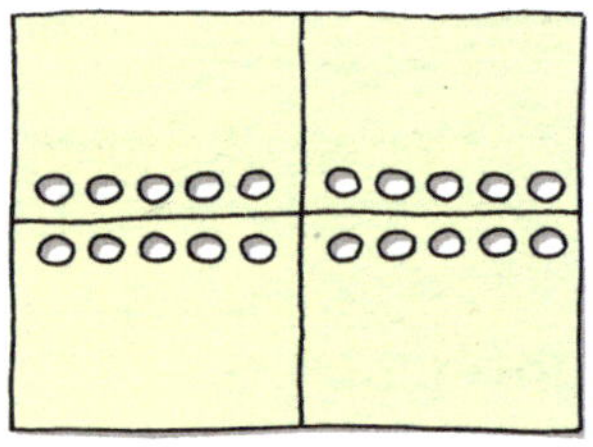

4 · 5 = 20

5 + 5 + 5 + 5 = 20

b) 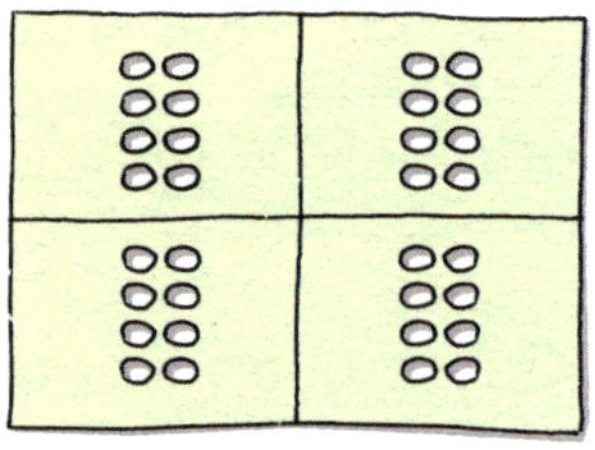

4 · 8 = 32

8 + 8 + 8 + 8 = 32

c) 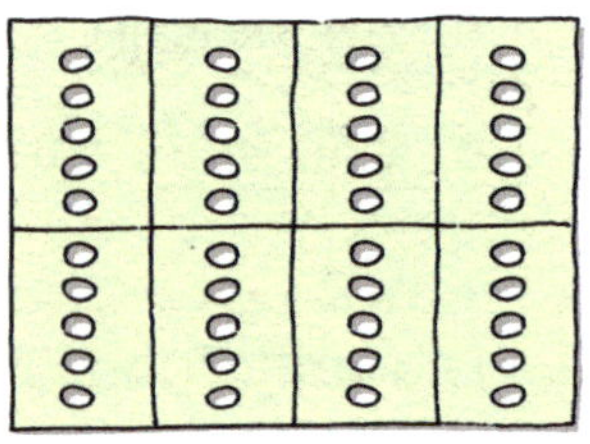

8 · 5 = 40

5+5+5+5+5+5+5+5=40

5 Schreibe die Mal-Aufgabe. Rechne aus.

a) 6 + 6 = 12
2 · 6 = 12

b) 4 + 4 + 4 + 4 + 4 = 20
5 · 4 = 20

c) 7 + 7 + 7 = 21
3 · 7 = 21

d) 3 + 3 + 3 + 3 = 12
4 · 3 = 12

e) 5 + 5 + 5 + 5 + 5 + 5 = 30
6 · 5 = 30

f) 9 + 9 = 18
2 · 9 = 18

1

a) 

4 · 5 = 20

2 · 10 = 20

b) 

2 · 5 = 10

1 · 10 = 10

c) 

0 · 5 = 0

0 · 10 = 0

2

a) 1 · 4 = 4
0 · 4 = 0
4 · 0 = 0

b) 2 · 3 = 6
0 · 3 = 0
1 · 3 = 3

c) 0 · 2 = 0
1 · 2 = 2
2 · 2 = 4

d) 0 · 6 = 0
2 · 6 = 12
6 · 0 = 0

3 Aufgepasst!

a) 3 + 0 = 3
3 · 0 = 0
3 − 0 = 3

b) 0 · 5 = 0
0 + 5 = 5
5 − 5 = 0

c) 1 − 0 = 1
1 · 0 = 0
0 + 1 = 1

d) 0 − 0 = 0
0 + 0 = 0
0 · 0 = 0

4 Schreibe zu jedem Punktefeld zwei Mal-Aufgaben.

a) 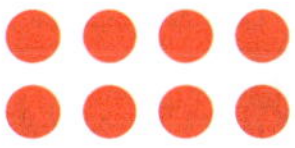

2 · 4 = 8
4 · 2 = 8

b) 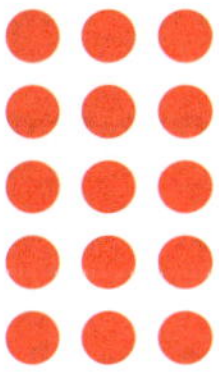

5 · 3 = 15
3 · 5 = 15

c) 

5 · 4 = 20
4 · 5 = 20

d) 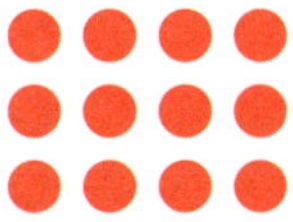

3 · 4 = 12
4 · 3 = 12

5 Zeichne zu jeder Mal-Aufgabe ein Feld. Schreibe die Tauschaufgabe dazu.

a) 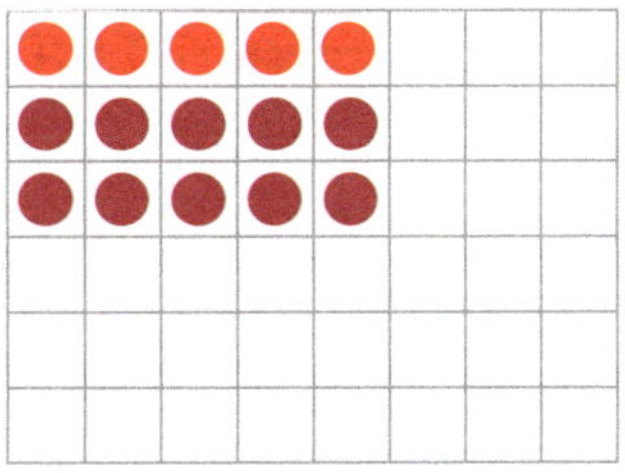

3 · 5 = 15
5 · 3 = 15

b) 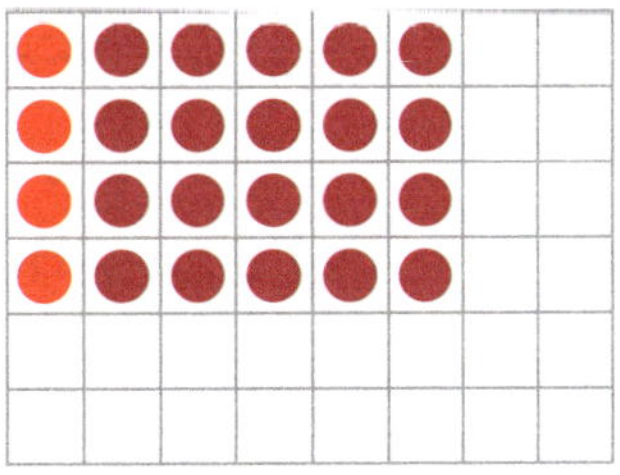

4 · 6 = 24
6 · 4 = 24

c) 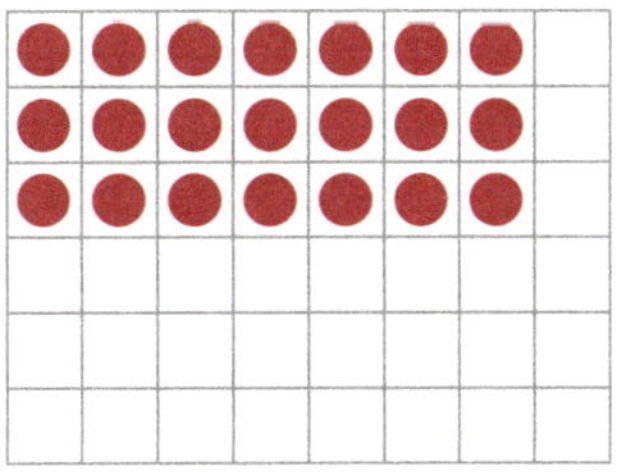

3 · 7 = 21
7 · 3 = 21

6 Rechne Aufgabe und Tauschaufgabe.

a) 6 · 5 = 30
5 · 6 = 30

b) 2 · 6 = 12
6 · 2 = 12

c) 8 · 2 = 16
2 · 8 = 16

d) 4 · 5 = 20
5 · 4 = 20

Einmal, zweimal, dreimal

1 Nimm immer zwei Plättchen.

a) Greife dreimal. 3 · 2 = 6

b) Greife fünfmal. 5 · 2 = 10

c) Greife zehnmal. 10 · 2 = 20

d) Greife neunmal. 9 · 2 = 18

2 Nimm immer fünf Plättchen.

a) Greife einmal. 1 · 5 = 5

b) Greife dreimal. 3 · 5 = 15

c) Greife viermal. 4 · 5 = 20

d) Greife sechsmal. 6 · 5 = 30

3 Nimm immer sechs Plättchen.

a) Greife viermal. 4 · 6 = 24

b) Greife zweimal. 2 · 6 = 12

c) Greife dreimal. 3 · 6 = 18

d) Greife fünfmal. 5 · 6 = 30

4 Familie Müller bekommt jeden Tag fünf Brötchen.

Montag Dienstag Mittwoch Donnerstag Freitag

Schreibe die Mal-Aufgabe. 5 · 5 = 25

Familie Müller bekommt jede Woche 25 Brötchen.

5 Wie viele Brötchen holen die Kinder in einer Woche? Fülle die Tabellen aus.

a) Lisa holt jeden Tag 3 Brötchen. Auch am Samstag und Sonntag.

Tage	Brötchen
1	3
2	6
3	9
4	12
5	15
6	18
7	21

Lisa holt 21 Brötchen in einer Woche.

b) Paul holt von Montag bis Donnerstag jeden Tag sechs Brötchen.

Tage	Brötchen
1	6
2	12
3	18
4	24

Paul holt 24 Brötchen in einer Woche.

c) Anna holt von Montag bis Freitag jeden Tag vier Brötchen.

Tage	Brötchen
1	4
2	8
3	12
4	16
5	20

Anna holt 20 Brötchen in einer Woche.

1 Welche Zahlen werden hier gezeigt? Schreibe die Zahlen in die Ballons.

a)

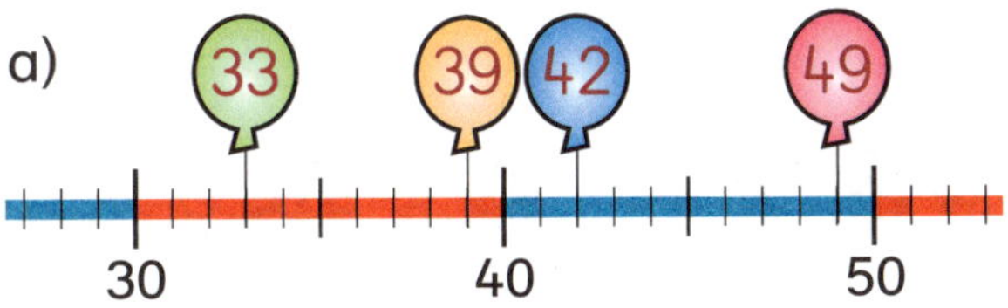

b)

c)

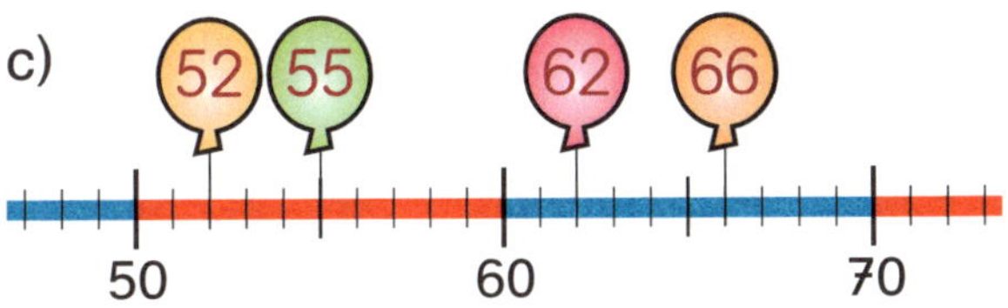

d)

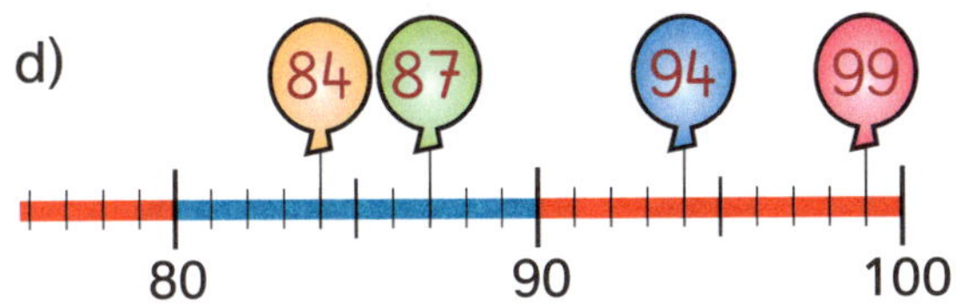

2 Zeichne die Ballons: ~~7~~ ~~14~~ ~~21~~ ~~36~~ ~~43~~ ~~52~~ ~~59~~ ~~68~~

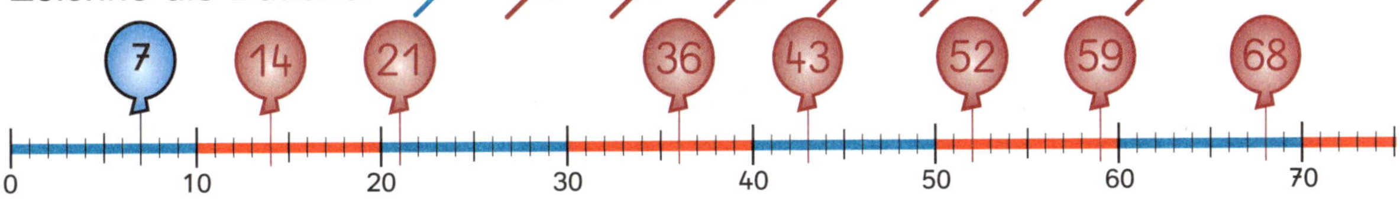

3 Schau genau hin. Welche Zahlen werden hier gezeigt?
Wie heißen die Nachbarzehner? Schreibe die Zahlen in die Ballons.

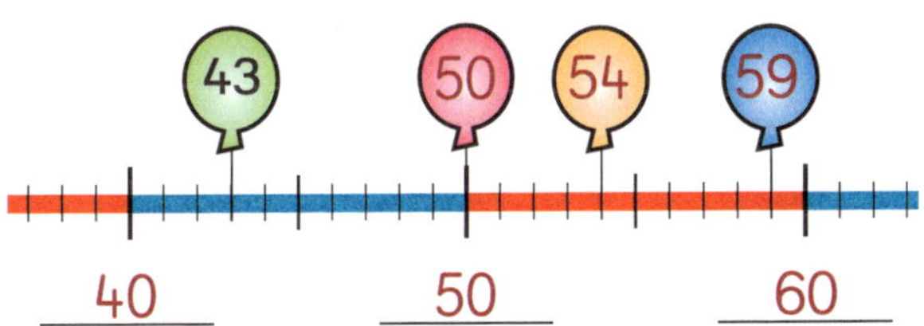

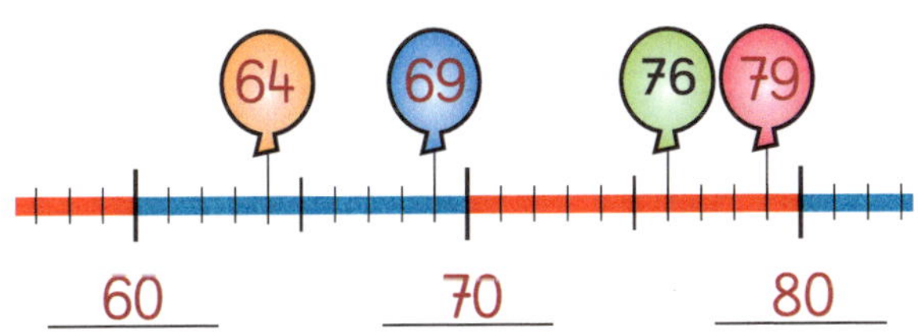

4

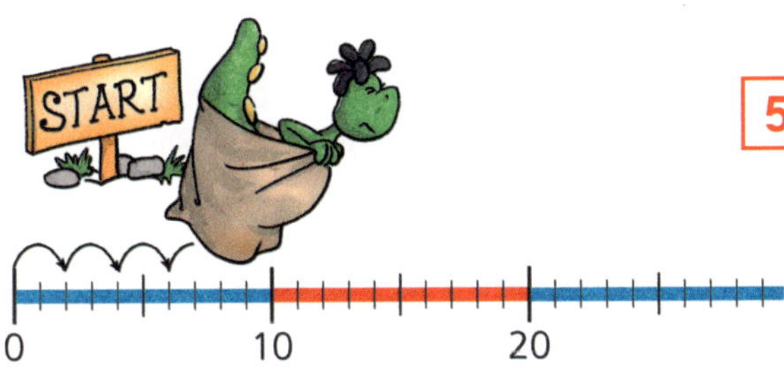

Zahlix macht Zweier-Sprünge.
Wo landet er?

a) drei Zweier-Sprünge: 3 · 2 = 6

b) fünf Zweier-Sprünge: 5 · 2 = 10

c) sechs Zweier-Sprünge: 6 · 2 = 12

d) acht Zweier-Sprünge: 8 · 2 = 16

5

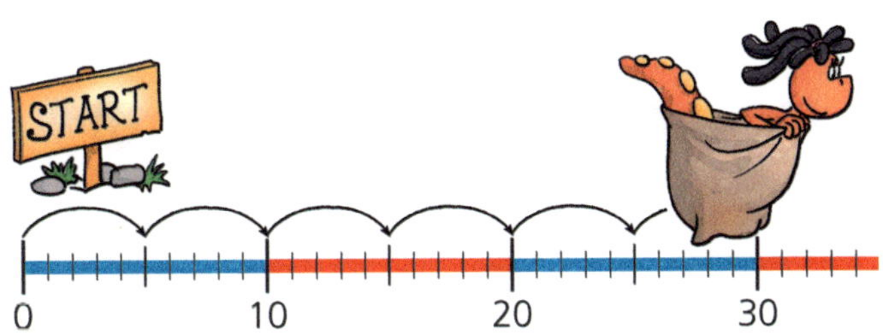

Zahline macht Fünfer-Sprünge.
Wo landet sie?

a) drei Fünfer-Sprünge: 3 · 5 = 15

b) fünf Fünfer-Sprünge: 5 · 5 = 25

c) sechs Fünfer-Sprünge: 6 · 5 = 30

d) acht Fünfer-Sprünge: 8 · 5 = 40

6 Achter-Sprünge bis 80. Wie geht es weiter? Schreibe die Zahlen bis 80 auf.

8, 16, 24, 32, 40, 48, 56, 64, 72, 80

Durch-Aufgaben

1 Es sind 18 Kinder.

a) Immer sechs Kinder sind in einer Gruppe. 18 : 6 = 3

Es sind 3 Gruppen.

b) Immer drei Kinder sind in einer Gruppe. 18 : 3 = 6

Es sind 6 Gruppen.

2 Es sind 24 Kinder. Wie viele Gruppen sind es?

a) Vier Kinder sind in einer Gruppe.
24 : 4 = 6

b) Drei Kinder sind in einer Gruppe.
24 : 3 = 8

3 Es sind 12 Plättchen. Immer drei Plättchen in einer Gruppe.

Es sind 4 Gruppen.

Mal-Aufgabe: 4 · 3 = 12

Durch-Aufgabe: 12 : 3 = 4

4 Es sind 12 Plättchen. Immer zwei Plättchen in einer Gruppe.

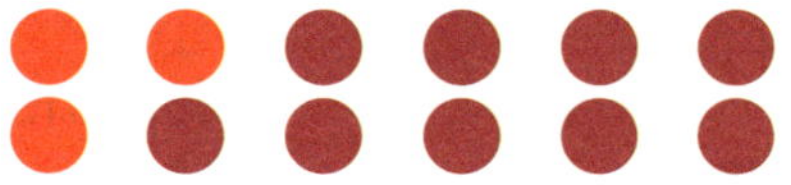

Es sind 6 Gruppen.

Mal-Aufgabe: 6 · 2 = 12

Durch-Aufgabe: 12 : 2 = 6

5 Es sind 16 Plättchen. Immer vier Plättchen in einer Gruppe.

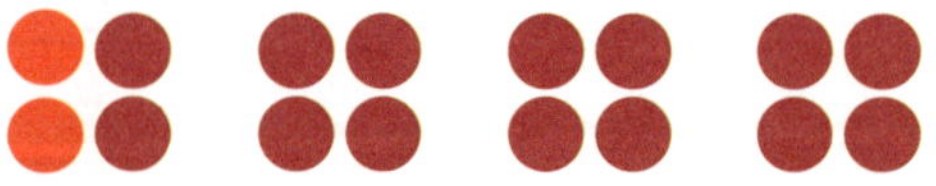

Es sind 4 Gruppen.

Mal-Aufgabe: 4 · 4 = 16

Durch-Aufgabe: 16 : 4 = 4

6 Es sind 16 Plättchen. Immer acht Plättchen in einer Gruppe.

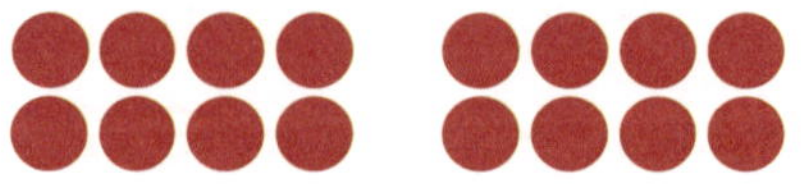

Es sind 2 Gruppen.

Mal-Aufgabe: 2 · 8 = 16

Durch-Aufgabe: 16 : 8 = 2

1 Alles verdoppelt.

a) Zahlix hat … 2 Jungen haben … b) Zahline hat … 2 Mädchen haben …

2 Wie heißt die passende Mal-Aufgabe? Rechne.

a) das Doppelte von 7 2 · 7 = 14 b) das Doppelte von 9 2 · 9 = 18

c) das Doppelte von 8 2 · 8 = 16 d) das Doppelte von 10 2 · 10 = 20

e) das Doppelte von 12 2 · 12 = 24 f) das Doppelte von 50 2 · 50 = 100

3 Schreibe zu jeder Aufgabe auch die Tauschaufgabe.

a) 2 · 5 = 10 b) 2 · 3 = 6 c) 2 · 4 = 8 d) 2 · 6 = 12

5 · 2 = 10 3 · 2 = 6 4 · 2 = 8 6 · 2 = 12

4 Teile gerecht: eine Hälfte für Zahlix, eine Hälfte für Zahline.

a) 10 Plättchen

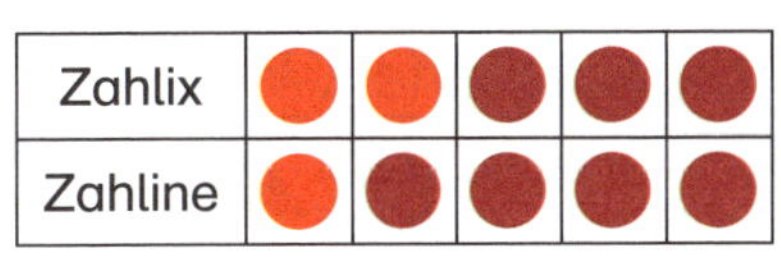

10 : 2 = 5

5 für Zahlix.

5 für Zahline.

b) 14 Plättchen

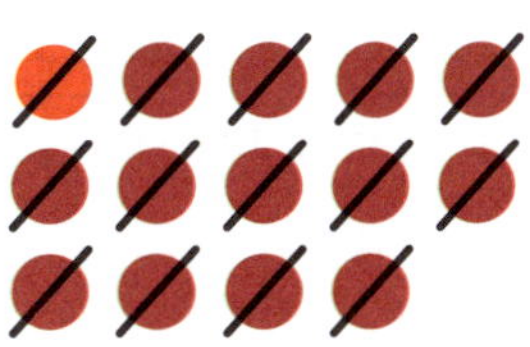

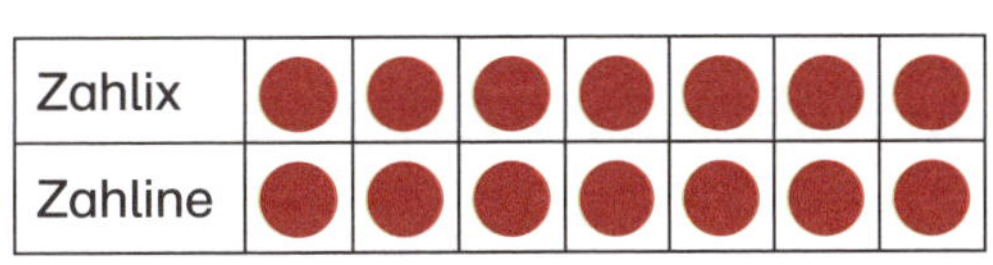

14 : 2 = 7

7 für Zahlix.

7 für Zahline.

5 Wie heißt die passende Durch-Aufgabe? Rechne.

a) die Hälfte von 6 6 : 2 = 3 b) die Hälfte von 4 4 : 2 = 2

c) die Hälfte von 8 8 : 2 = 4 d) die Hälfte von 12 12 : 2 = 6

e) die Hälfte von 40 40 : 2 = 20 f) die Hälfte von 100 100 : 2 = 50

Verteilen

1 Verteile gerecht.

a) 16 rote Plättchen, 4 Teller

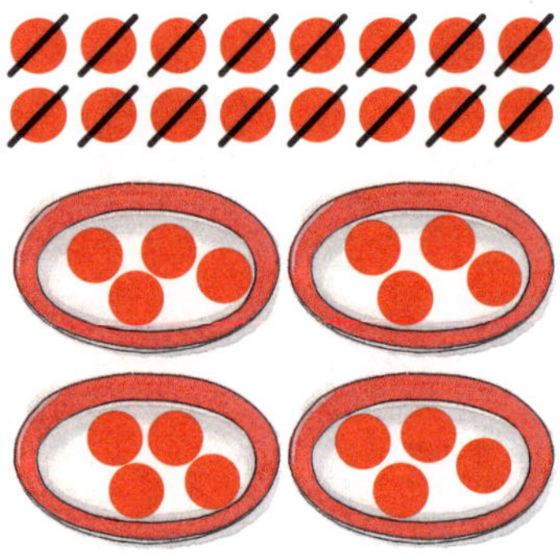

16 : 4 = 4

Es sind 4 rote Plättchen auf jedem Teller.

b) 24 blaue Plättchen, 6 Teller

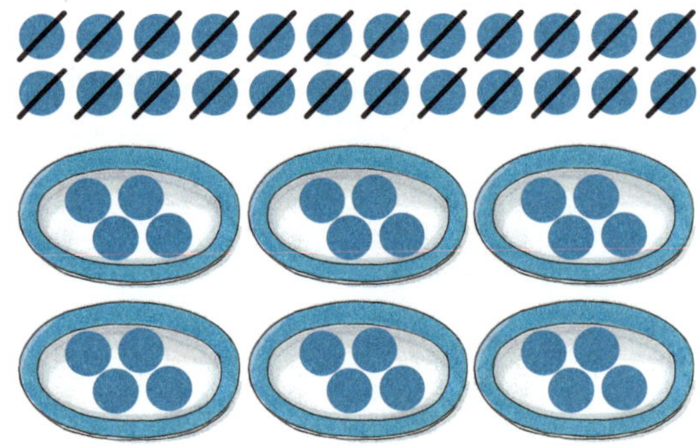

24 : 6 = 4

Es sind 4 blaue Plättchen auf jedem Teller.

2 Verteile. Zeichne und schreibe die Durch-Aufgabe.

a) 15 grüne Plättchen, 5 Teller

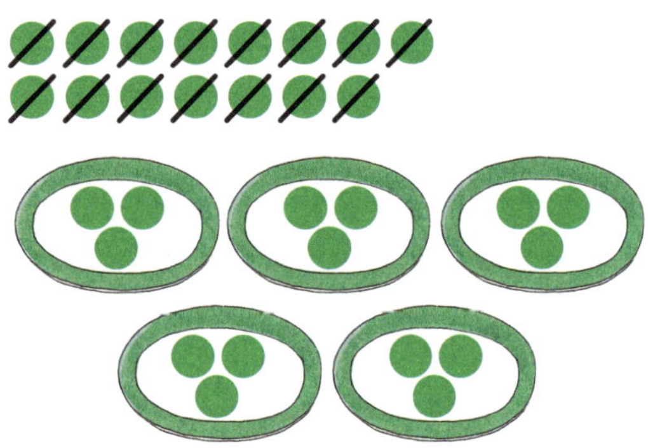

15 : 5 = 3

b) 18 gelbe Plättchen, 6 Teller

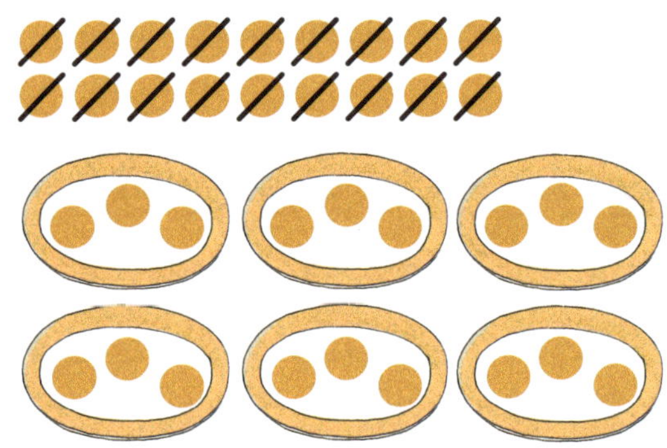

18 : 6 = 3

3 24 Kinder bilden Mannschaften. Wie viele Kinder sind in einer Mannschaft?

a) 4 Mannschaften

24 : 4 = 6

b) 6 Mannschaften

24 : 6 = 4

c) 3 Mannschaften

24 : 3 = 8

4 36 Kinder bilden Mannschaften. Wie viele Kinder sind in einer Mannschaft?

a) 6 Mannschaften

36 : 6 = 6

b) 4 Mannschaften

36 : 4 = 9

c) 9 Mannschaften

36 : 9 = 4

5 18 Kinder bilden Mannschaften. Wie viele Kinder sind in einer Mannschaft?

a) 3 Mannschaften

18 : 3 = 6

b) 9 Mannschaften

18 : 9 = 2

c) 2 Mannschaften

18 : 2 = 9

zu den Seiten 68/69

1 Mette legt viele Mauern mit diesen Formen.
Zu einer Mauer gehören ein Rechteck und ein Quadrat.
Wie viele verschiedene Mauern kann sie legen?

a) Zeichne alle Möglichkeiten auf.

b) Schreibe eine passende Mal-Aufgabe. $3 \cdot 2 = 6$
(oder $2 \cdot 3 = 6$)

2 Wie viele verschiedene Mauern kann Max legen?

a) Zeichne alle Möglichkeiten auf.

b) Schreibe eine passende Mal-Aufgabe. $2 \cdot 3 = 6$
(oder $3 \cdot 2 = 6$)

3 Wie viele verschiedene Mauern kann Ronja legen? 9

Schreibe eine passende Mal-Aufgabe.

$3 \cdot 3 = 9$

4 Wie viele verschiedene Mauern kann Hannes legen? 12

Schreibe eine passende Mal-Aufgabe.

$3 \cdot 4 = 12$
(oder $4 \cdot 3 = 12$)

5 Tim hat fünf Rechtecke und drei Quadrate.
Wie viele verschiedene Mauern kann er legen? 15
Wie heißt die passende Mal-Aufgabe? $5 \cdot 3 = 15$
(oder $3 \cdot 5 = 15$)

Einmaleins mit 2

1 a)

$4 \cdot 2 = 8$

b)

$6 \cdot 2 = 12$

c)

$3 \cdot 2 = 6$

2 a) $5 \cdot 2 =$ 10 b) $10 \cdot 2 =$ 20 c) $2 \cdot 2 =$ 4 d) $1 \cdot 2 =$ 2

$7 \cdot 2 =$ 14 $9 \cdot 2 =$ 18 $3 \cdot 2 =$ 6 $8 \cdot 2 =$ 16

3 Denke an die Tauschaufgabe.

a) $2 \cdot 6 =$ 12 b) $2 \cdot 4 =$ 8 c) $2 \cdot 7 =$ 14 d) $2 \cdot 9 =$ 18

$2 \cdot 3 =$ 6 $2 \cdot 5 =$ 10 $2 \cdot 8 =$ 16 $2 \cdot 0 =$ 0

4 Welche Zahlen gehören zur Zweier-Reihe? Kreise die Zahlen der Zweier-Reihe ein. Schreibe die Mal-Aufgabe dazu.

1 (4) 5 (8) 11 13 (16) 17 (18)

$2 \cdot 2 = 4$ $4 \cdot 2 = 8$ $8 \cdot 2 = 16$ $9 \cdot 2 = 18$

5 Wie viele Zweier-Sprünge sind es? Schreibe die Durch-Aufgabe.

a)

$6 : 2 = 3$

b)

$20 : 2 = 10$

c)

$14 : 2 = 7$

d)

$18 : 2 = 9$

6 a) $12 : 2 =$ 6 b) $4 : 2 =$ 2 c) $10 : 2 =$ 5 d) $0 : 2 =$ 0

$2 : 2 =$ 1 $8 : 2 =$ 4 $16 : 2 =$ 8 $22 : 2 =$ 11

7 Verbinde alle Zahlen der Zweier-Reihe.

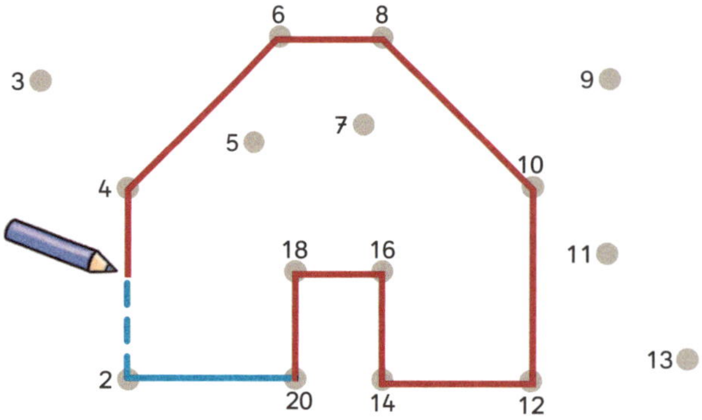

1 a) 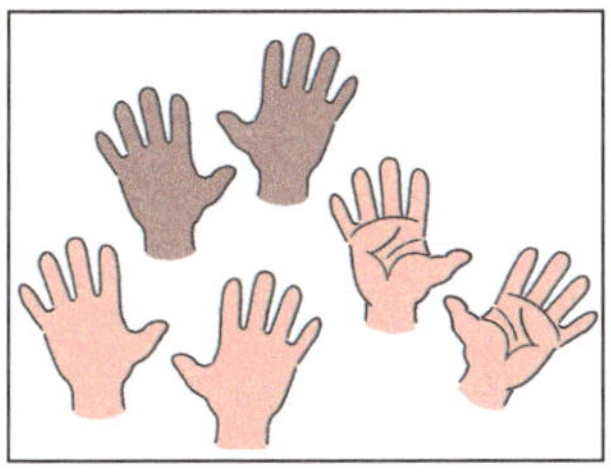
3 · 10 = 30

b) 
2 · 10 = 20

c) 

5 · 10 = 50

2 a) 4 · 10 = 40 b) 1 · 10 = 10 c) 7 · 10 = 70 d) 10 · 10 = 100
6 · 10 = 60 5 · 10 = 50 8 · 10 = 80 9 · 10 = 90

3 Wie viele Zehner-Sprünge sind es? Schreibe die Durch-Aufgabe.

a) 

30 : 10 = 3

b) 

50 : 10 = 5

c) 

70 : 10 = 7

d) 

10 : 10 = 1

4 a) 40 : 10 = 4 b) 20 : 10 = 2 c) 80 : 10 = 8 d) 100 : 10 = 10
60 : 10 = 6 0 : 10 = 0 90 : 10 = 9 30 : 10 = 3

5 a) 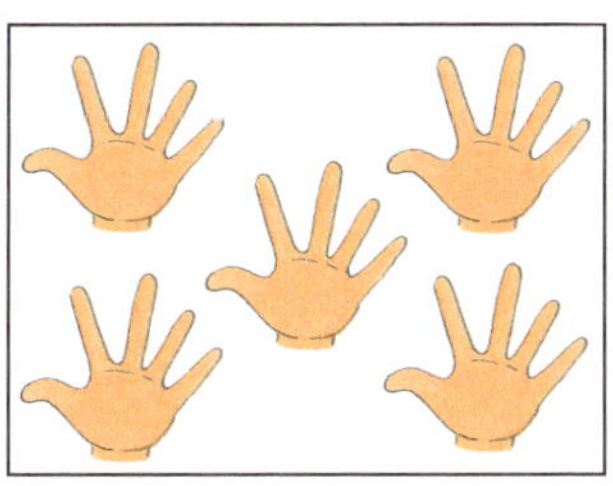
5 · 5 = 25

b) 
3 · 5 = 15

c) 

4 · 5 = 20

6 a) 2 · 5 = 10 b) 6 · 5 = 30 c) 10 · 5 = 50 d) 8 · 5 = 40
1 · 5 = 5 7 · 5 = 35 9 · 5 = 45 0 · 5 = 0

7 Wie viele Fünfer-Sprünge sind es? Schreibe die Durch-Aufgabe.

a) 

20 : 5 = 4

b) 

35 : 5 = 7

c) 

15 : 5 = 3

d) 

40 : 5 = 8

8 a) 10 : 5 = 2 b) 25 : 5 = 5 c) 40 : 5 = 8 d) 5 : 5 = 1
30 : 5 = 6 50 : 5 = 10 45 : 5 = 9 0 : 5 = 0

Sonnen-Aufgaben und Nachbaraufgaben

1

a) ☼ 2 · 9 = 18
☼ 5 · 9 = 45
☼ 10 · 9 = 90

b) ☼ 2 · 7 = 14
☼ 5 · 7 = 35
☼ 10 · 7 = 70

c) ☼ 2 · 6 = 12
☼ 5 · 6 = 30
☼ 10 · 6 = 60

2 Von Sonnen-Aufgaben zu Nachbaraufgaben.

a) ☼ 2 · 8 = 16
3 · 8 = 24

b) ☼ 2 · 4 = 8
3 · 4 = 12

c) ☼ 2 · 3 = 6
3 · 3 = 9

3

a) ☼ 10 · 8 = 80
9 · 8 = 72

b) ☼ 10 · 4 = 40
9 · 4 = 36

c) ☼ 10 · 3 = 30
9 · 3 = 27

4 Rechne zuerst die Sonnen-Aufgaben. Dann die Nachbaraufgaben.

a) 4 · 8 = 32
☼ 5 · 8 = 40
6 · 8 = 48

b) 4 · 4 = 16
☼ 5 · 4 = 20
6 · 4 = 24

c) 4 · 3 = 12
☼ 5 · 3 = 15
6 · 3 = 18

5 Welche Sonnen-Aufgabe nutzt du? Rechne zuerst deine Sonnen-Aufgabe.

a) ☼ 10 · 7 = 70
9 · 7 = 63

b) ☼ 5 · 7 = 35
6 · 7 = 42

c) ☼ 2 · 7 = 14
3 · 7 = 21

6 Welche Sonnen-Aufgabe nutzt du?

a) ☼ 5 · 9 = 45
6 · 9 = 54

b) ☼ 5 · 9 = 45
4 · 9 = 36

c) ☼ 10 · 9 = 90
9 · 9 = 81

7 Vor dem Zirkus stehen fünf Clowns. Jeder Clown hat vier Luftballons.

F Wie viele Luftballons sind es insgesamt?

L 5 · 4 = 20

A 20 Luftballons sind es insgesamt.

8 Wie heißen die Zahlen?

a) Sie gehören zur Fünfer-Reihe. Sie sind kleiner als 20.

5, 10, 15

b) Sie gehören zur Zweier-Reihe. Sie sind größer als 15.

16, 18, 20

c) Sie gehören zur Zehner-Reihe und zur Fünfer-Reihe.

10, 20, 30, 40, 50

1 a)

2 · 3 = 6

b)

4 · 3 = 12

c)

3 · 3 = 9

2 Von den Sonnen-Aufgaben zu den Nachbaraufgaben.

a) 4 · 3 = 12
5 · 3 = 15
6 · 3 = 18

b) 1 · 3 = 3
2 · 3 = 6
3 · 3 = 9

c) 9 · 3 = 27
10 · 3 = 30
11 · 3 = 33

3 Denke an die Tauschaufgabe.

a) 3 · 5 = 15
3 · 7 = 21

b) 3 · 4 = 12
3 · 8 = 24

c) 3 · 1 = 3
3 · 0 = 0

d) 3 · 2 = 6
3 · 6 = 18

4 Sieben Kinder aus der 2a üben jonglieren. Jedes Kind hat drei Tücher.

F Wie viele Tücher sind es zusammen?

L 7 · 3 = 21

A 21 Tücher sind es zusammen.

5 Wie viele Dreier-Sprünge sind es? Schreibe die Durch-Aufgabe.

a)

15 : 3 = 5

b)

21 : 3 = 7

c)

9 : 3 = 3

d)

24 : 3 = 8

6 a) 30 : 3 = 10
27 : 3 = 9

b) 6 : 3 = 2
12 : 3 = 4

c) 3 : 3 = 1
0 : 3 = 0

d) 18 : 3 = 6
21 : 3 = 7

7 In der Klasse 2b sind 23 Kinder.
Immer drei Kinder sind in einer Gruppe.

F Wie viele Gruppen sind es? Wie viele Kinder bleiben übrig?

L

A 7 Gruppen sind es.
2 Kinder bleiben übrig.

Einmaleins mit 4

1 a)

3 · 4 = 12

b)

4 · 4 = 16

c)

2 · 4 = 8

2 Von den Sonnen-Aufgaben zu den Nachbaraufgaben

a) 1 · 4 = 4
☀ 2 · 4 = 8
3 · 4 = 12

b) 4 · 4 = 16
☀ 5 · 4 = 20
6 · 4 = 24

c) 9 · 4 = 36
☀ 10 · 4 = 40
11 · 4 = 44

3 Denke an die Tauschaufgabe.

a) 4 · 5 = 20
4 · 7 = 28

b) 4 · 3 = 12
4 · 8 = 32

c) 4 · 1 = 4
4 · 0 = 0

d) 4 · 2 = 8
4 · 6 = 24

4 Die Kinder aus der Klasse 2a trinken in der Pause Wasser. Für jedes Kind gibt es einen Becher. Es gibt sechs Stapel, immer vier Becher sind in einem Stapel.

F Wie viele Kinder sind in der Klasse?

L 6 · 4 = 24

A 24 Kinder sind in der Klasse.

5 Wie viele Vierer-Sprünge sind es? Schreibe die Durch-Aufgabe.

a)

20 : 4 = 5

b)

12 : 4 = 3

c)

8 : 4 = 2

d)

24 : 4 = 6

6 a) 16 : 4 = 4
28 : 4 = 7

b) 4 : 4 = 1
32 : 4 = 8

c) 40 : 4 = 10
36 : 4 = 9

d) 20 : 4 = 5
0 : 4 = 0

7 Die Klasse 2b hat 27 Trinkbecher. Immer vier Becher sollen in einen Stapel.

F Wie viele Stapel sind es? Wie viele Becher bleiben übrig?

L

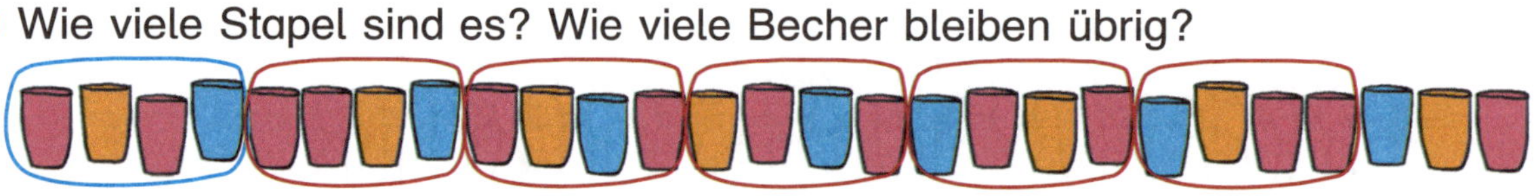

A 6 Stapel sind es.

3 Becher bleiben übrig.

1

a) · 10

4	40
3	30
7	70

b) · 3

3	9
6	18
9	27

c) · 4

6	24
2	8
8	32

2

a) · 5

2	10
5	25
7	35

b) · 4

3	12
5	20
8	32

c) · 3

4	12
3	9
7	21

3

a) · 2

7	14
2	4
9	18

b) · 3

3	9
7	21
10	30

c) · 4

4	16
2	8
6	24

4

a) · 4

2	8
7	28
9	36

b) · 3

5	15
3	9
8	24

5

· 5

4	20
3	15
7	35

6 Wie heißen die Zahlen?

a) Sie liegen zwischen 20 und 40 und gehören zur Fünfer-Reihe.

25, 30, 35

b) Sie liegen zwischen 20 und 30 und gehören zur Dreier-Reihe.

21, 24, 27

c) Sie liegen zwischen 20 und 30 und gehören zur Vierer-Reihe.

24, 28

7

a) Sie gehören zur Fünfer-Reihe, sind ungerade und kleiner als 30.

5, 15, 25

b) Sie gehören zur Dreier-Reihe, sind ungerade und größer als 10.

15, 21, 27

c) Sie gehören zur Vierer-Reihe, sind gerade und kleiner als 20.

4, 8, 12, 16

Übungen

1 Unsere ersten Zähne heißen MILCHZÄHNE.
Sie muss man gut putzen.

7 · 3 =	21	M
5 · 5 =	25	I
3 · 3 =	9	L
4 · 2 =	8	C
8 · 10 =	80	H

MILCH

2 Zuerst haben alle Kinder acht Schneidezähne, vier Eckzähne und acht BACKENZÄHNE.

12 : 3 =	4	B
28 : 4 =	7	A
24 : 3 =	8	C
25 : 5 =	5	K
30 : 5 =	6	E
9 : 3 =	3	N

BACKEN

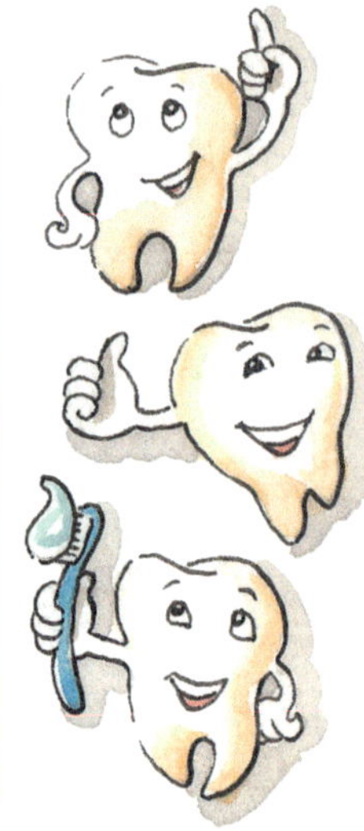

3 Schon im Kindergarten oder im ersten Schuljahr haben die Kinder den ersten WACKELZAHN. Wenn der dann ausfällt, kommt die ZAHNFEE

7 · 4 + 5 =	33	W
4 · 4 − 9 =	7	A
3 · 4 − 4 =	8	C
3 · 5 − 10 =	5	K
9 · 4 − 30 =	6	E
6 · 3 − 9 =	9	L

WACKEL

8 · 2 + 10 =	26	F
9 · 2 − 12 =	6	E
5 · 3 − 9 =	6	E

FEE

4 Der ZAHNARZT schaut sich die Zähne an.

9 · 3 − 20 =	7	A
8 · 4 − 10 =	22	R
9 · 5 − 30 =	15	Z
6 · 4 + 30 =	54	T

ARZT

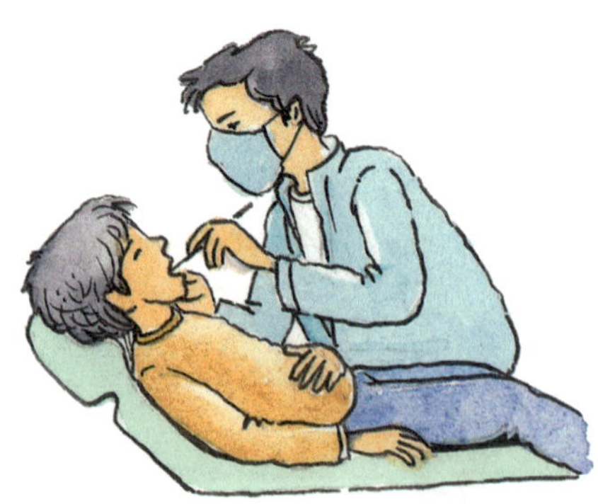

3	4	5	6	7	8	9	15	21	22	25	26	33	54	80
N	B	K	E	A	C	L	Z	M	R	I	F	W	T	H

1 Wie heißen die vier Aufgaben im Bauch?

a)

b)

c)

2 Hier fehlt eine Zahl im Ohr. Schreibe auch die vier Aufgaben auf.

a)

b)

c)

3 Hier fehlen beide Zahlen in den Ohren. Schreibe auch die Aufgaben.

a)

b)

c)

Ebene Figuren

1 Zu welchen Figuren passen die Wortkarten? Verbinde.

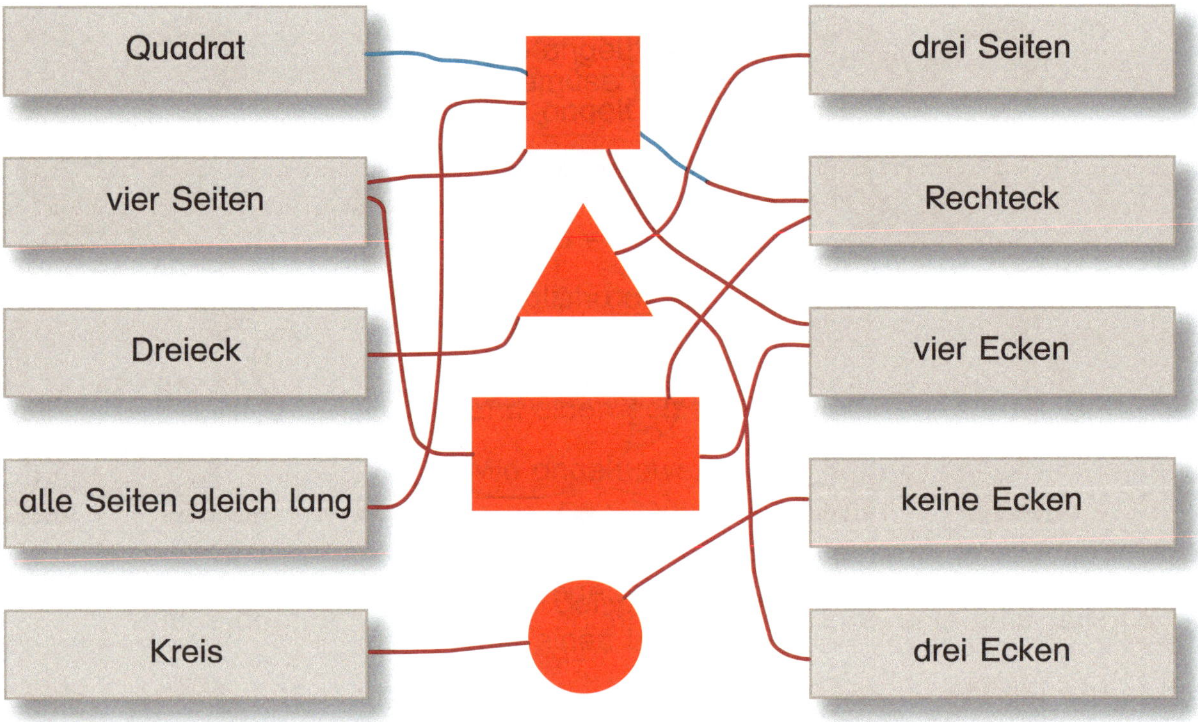

2 Alles Quadrate.
Zeichne die fehlenden Punkte ein und verbinde sie zu Quadraten.

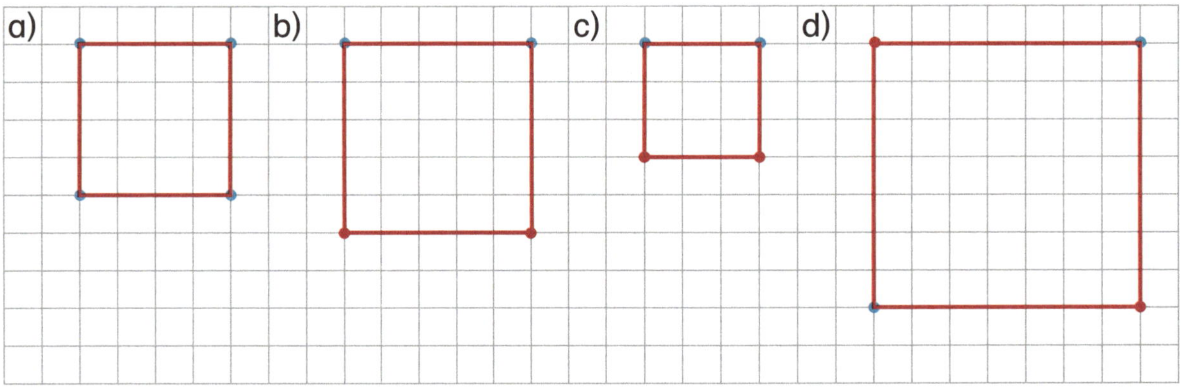

3 Zeichne die Muster weiter.

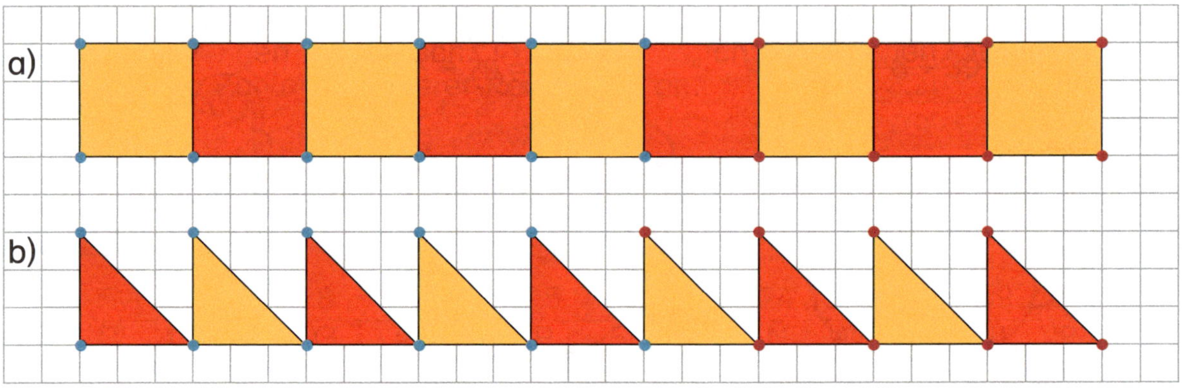

1 Dreiecke auf dem Geobrett. Zeichne die gespannten Dreiecke mit dem Lineal auf das Karo.

a)

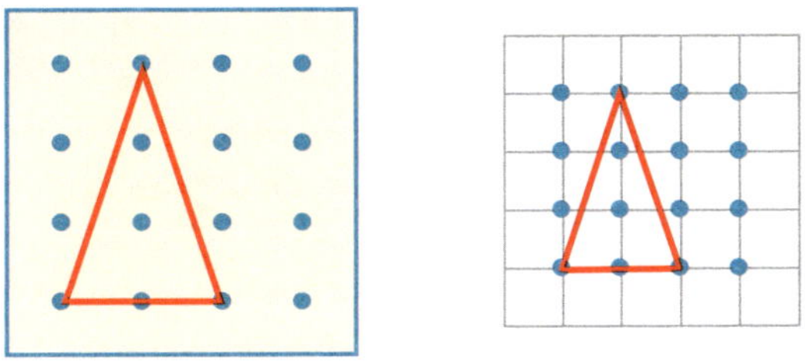

b)

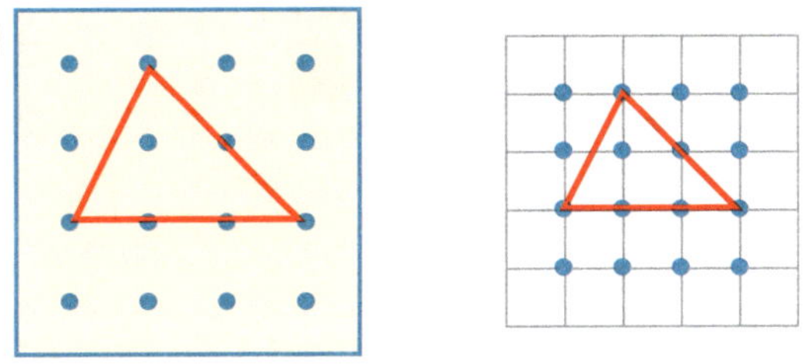

2 Rechtecke auf dem Geobrett. Zeichne die Rechtecke auf das Karo.

a)

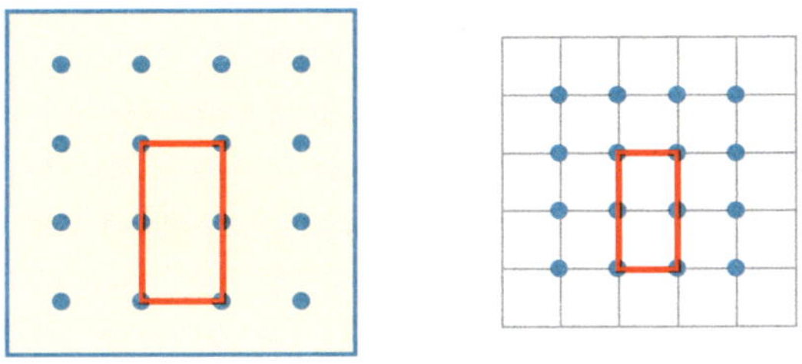

b)

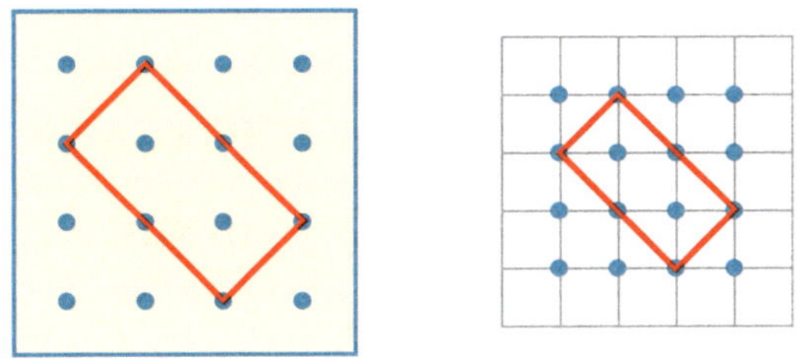

3 Quadrate auf dem Geobrett. Zeichne die Quadrate auf das Karo.

a)

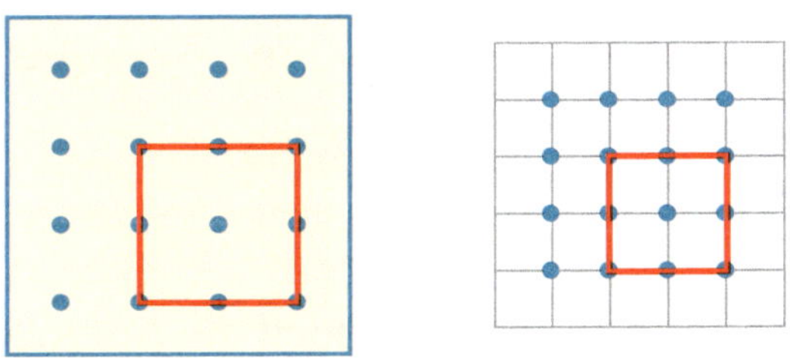

b)

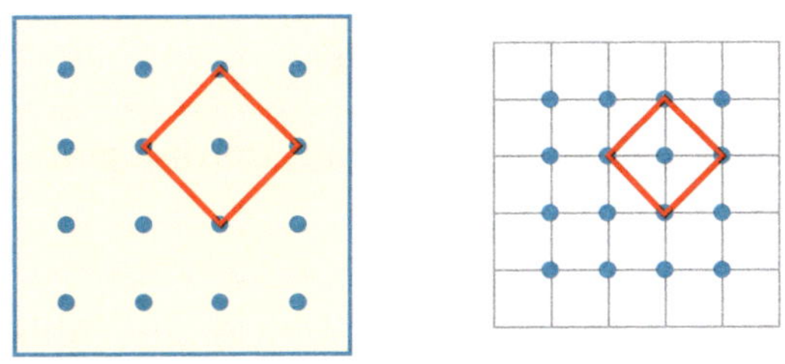

4 Spannen mit zwei Gummibändern. Welche Figuren wurden gespannt? Zeichne auf das Karo.

a)

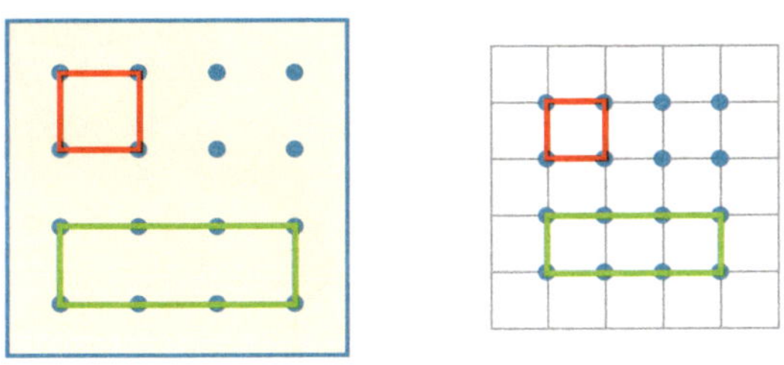

Quadrat

Rechteck

b)

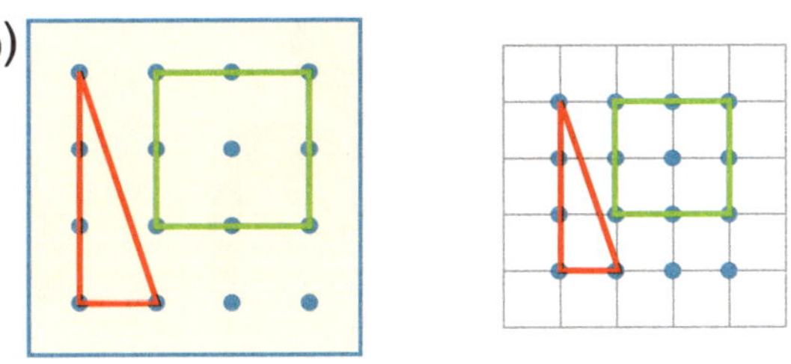

Dreieck

Quadrat

c)

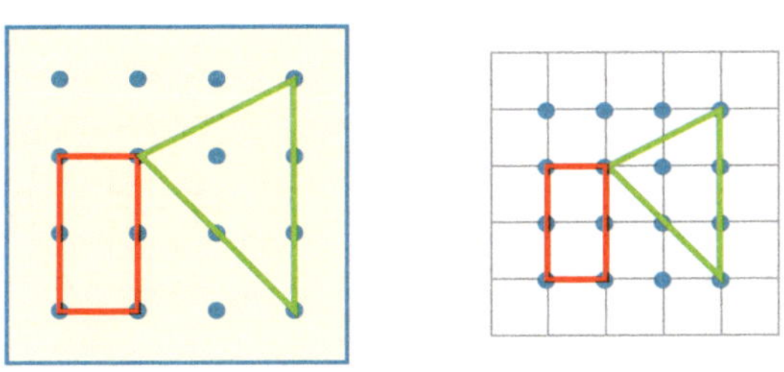

Rechteck

Dreieck

d)

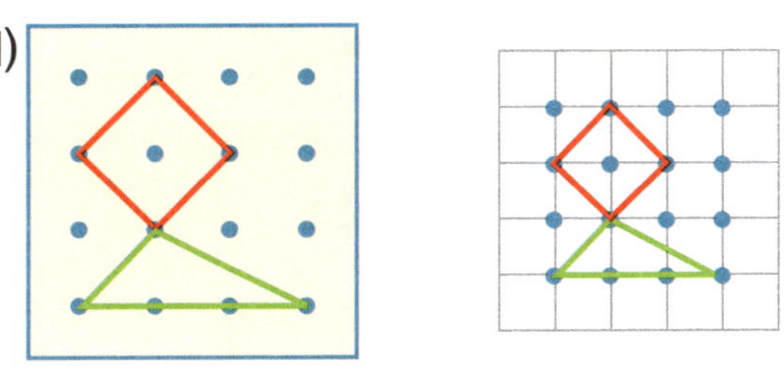

Quadrat

Dreieck

Quadratzahlen

1 a)

3 · 3 = 9

b)

5 · 5 = 25

c)

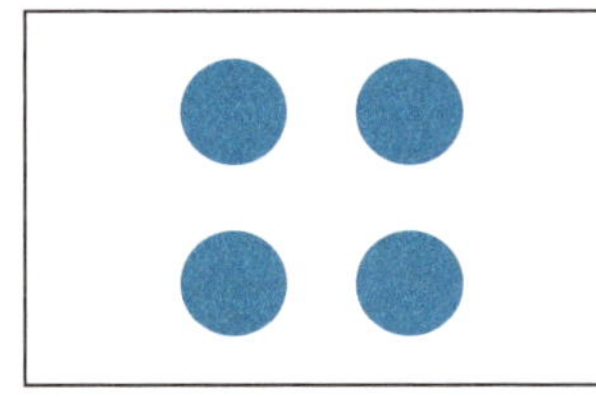

2 · 2 = 4

2 Welche Zahlen sind Quadratzahlen? Schreibe die Mal-Aufgabe dazu.

14 (16) 20 24 (36) 44 (64) 77 (81) 90

4 · 4 = 16 6 · 6 = 36 8 · 8 = 64 9 · 9 = 81

3 Von den Sonnen-Aufgaben zu den Nachbaraufgaben.

a) ✹ 7 · 7 = 49
8 · 7 = 56

b) ✹ 6 · 6 = 36
7 · 6 = 42

c) ✹ 8 · 8 = 64
7 · 8 = 56

d) ✹ 9 · 9 = 81
8 · 9 = 72

4 a) 4 · 4 − 6 = 10
5 · 5 − 5 = 20

b) 6 · 6 + 4 = 40
7 · 7 + 1 = 50

c) 8 · 8 + 6 = 70
10 · 10 − 0 = 100

d) Das Ergebnis ist immer eine Zahl der Zehner-Reihe.

5 Kleine Malduins. Finde die Zahlen in den Ohren. Schreibe auch die Aufgaben auf.

a)

b)

c)

6 Welche Quadratzahl ist es? Schreibe die Mal-Aufgabe dazu.

a) Sie liegt zwischen 20 und 30.
5 · 5 = 25

b) Sie liegt zwischen 60 und 70.
8 · 8 = 64

c) Sie liegt zwischen 30 und 40.
6 · 6 = 36

d) Sie hat 4 Zehner.
7 · 7 = 49

e) Sie hat 8 Zehner.
9 · 9 = 81

f) Sie hat zwei Nullen.
10 · 10 = 100

1

a) 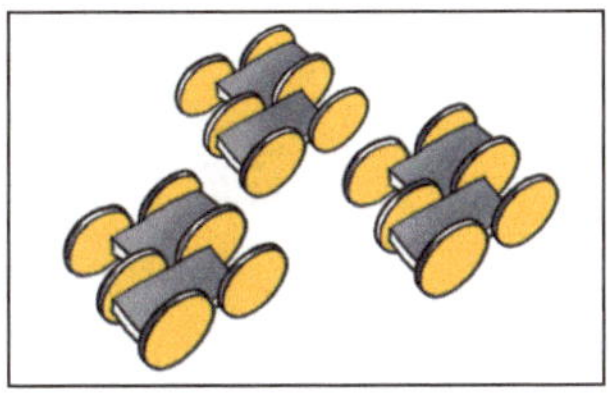

$3 \cdot 6 = 18$

b) 

$5 \cdot 6 = 30$

c) 

$4 \cdot 6 = 24$

2

a) $6 \cdot 6 = 36$
$8 \cdot 6 = 48$

b) $10 \cdot 6 = 60$
$9 \cdot 6 = 54$

c) $2 \cdot 6 = 12$
$4 \cdot 6 = 24$

d) $1 \cdot 6 = 6$
$7 \cdot 6 = 42$

3

a) $6 \cdot 3 = 18$
$6 \cdot 0 = 0$

b) $6 \cdot 6 = 36$
$6 \cdot 4 = 24$

c) $6 \cdot 5 = 30$
$6 \cdot 7 = 42$

d) $6 \cdot 9 = 54$
$6 \cdot 2 = 12$

4 Heute ist Familientag im Zoo.
Pia geht mit ihren Eltern und ihrem Bruder hin.

F Wie viel Eintritt bezahlen sie zusammen?

L $4 \cdot 6$ € = 24 €

A 24 € Eintritt bezahlen sie zusammen.

5

a) $60 : 6 = 10$
$6 : 6 = 1$

b) $36 : 6 = 6$
$24 : 6 = 4$

c) $42 : 6 = 7$
$54 : 6 = 9$

d) $48 : 6 = 8$
$12 : 6 = 2$

6 In der Klasse 2a sind 25 Kinder. Immer sechs Kinder sind in einer Gruppe.

F Wie viele Gruppen sind es? Wie viele Kinder bleiben übrig?

L 

A Es sind 4 Gruppen.
1 Kind bleibt übrig.

7 Kreise die Zahlen der Sechser-Reihe rot ein.
Kreise die Zahlen der Dreier-Reihe blau ein.

9 12 16 18 21 23 27 36 45 48

8 Welche Rechenzeichen passen? + − · :

a) $6 \cdot 6 = 40 - 4$
$6 + 6 = 3 \cdot 4$

b) $24 : 6 = 10 - 6$
$24 + 6 = 5 \cdot 6$

c) $34 + 20 = 9 \cdot 6$
$9 - 6 = 18 : 6$

Einmaleins mit 9

1 a)

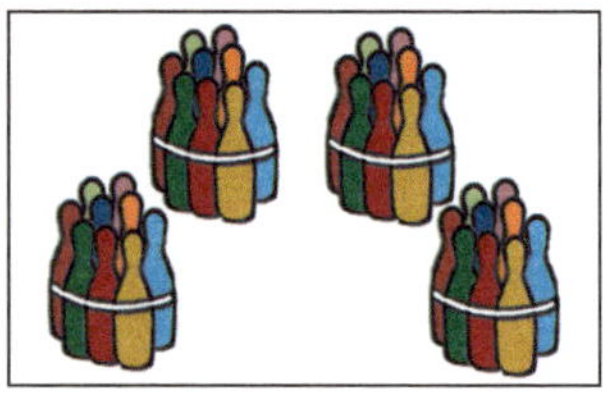

4 · 9 = 36

b)

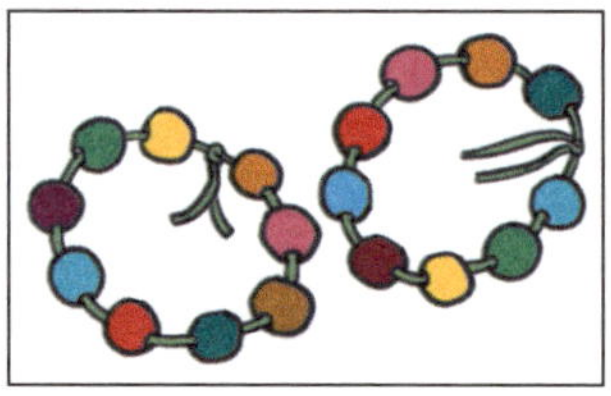

2 · 9 = 18

c)

3 · 9 = 27

2 a) 9 · 9 = 81
8 · 9 = 72

b) 10 · 9 = 90
1 · 9 = 9

c) 5 · 9 = 45
6 · 9 = 54

d) 2 · 6 = 12
7 · 9 = 63

3 a) 9 · 2 = 18
9 · 4 = 36

b) 9 · 6 = 54
9 · 3 = 27

c) 9 · 8 = 72
9 · 9 = 81

d) 9 · 0 = 0
9 · 5 = 45

4 Kreise die Zahlen der Neuner-Reihe rot ein.
Kreise die Zahlen der Sechser-Reihe blau ein.

14 18 24 27 33 36 42 45 54 81

5 a) 45 : 9 = 5
36 : 9 = 4

b) 18 : 9 = 2
27 : 9 = 3

c) 63 : 9 = 7
54 : 9 = 6

d) 90 : 9 = 10
72 : 9 = 8

6 a) 36 : 9 + 50 = 54
54 : 9 + 30 = 36

b) 0 : 9 + 27 = 27
9 : 9 + 44 = 45

c) 18 : 9 + 16 = 18
63 : 9 + 56 = 63

d) Das Ergebnis ist immer eine Zahl der Neuner-Reihe.

7 Es sind 23 Kegel. Immer neun Kegel werden zusammen aufgestellt.

F Wie viele Gruppen sind es? Wie viele Kegel bleiben übrig?

L

A Es sind 2 Gruppen.
5 Kegel bleiben übrig.

8 Wie heißt die Zahl?

a) Sie gehört zur Neuner-Reihe. Sie liegt zwischen 20 und 30.

27

b) Sie gehört zur Neuner-Reihe. Sie liegt zwischen 60 und 70.

63

c) Sie gehört zur Neuner-Reihe und zur Fünfer-Reihe.

45

1 a) 

$2 \cdot 8 = 16$

b) 

$4 \cdot 8 = 32$

c) 

$5 \cdot 8 = 40$

2 a) $8 \cdot 8 = 64$ b) $10 \cdot 8 = 80$ c) $5 \cdot 8 = 40$ d) $2 \cdot 8 = 16$

$7 \cdot 8 = 56$ $9 \cdot 8 = 72$ $6 \cdot 8 = 48$ $4 \cdot 8 = 32$

3 a) $8 \cdot 3 = 24$ b) $8 \cdot 6 = 48$ c) $8 \cdot 5 = 40$ d) $8 \cdot 9 = 72$

$8 \cdot 0 = 0$ $8 \cdot 4 = 32$ $8 \cdot 7 = 56$ $8 \cdot 2 = 16$

4 a) $5 \cdot 8 + 16 = 56$ b) $3 \cdot 8 - 8 = 16$ c) $0 \cdot 8 + 80 = 80$

$2 \cdot 8 + 24 = 40$ $7 \cdot 8 - 8 = 48$ $4 \cdot 8 + 40 = 72$

5 a) $64 : 8 = 8$ b) $32 : 8 = 4$ c) $56 : 8 = 7$ d) $8 : 8 = 1$

$16 : 8 = 2$ $24 : 8 = 3$ $72 : 8 = 9$ $40 : 8 = 5$

6 Heute basteln die Kinder der Klasse 2b Sterne für ihr Fenster.
Ben sagt: „Meine Tischgruppe hat 48 Zacken gefaltet.
Zu einem Stern gehören immer acht Zacken.“

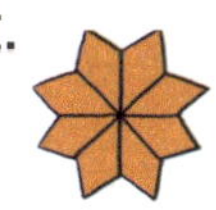

F Wie viele Sterne können sie basteln?

L $48 : 8 = 6$

A 6 Sterne können sie basteln.

7 Welche Rechenzeichen passen? + − · :

a) $18 - 8 = 80 : 8$ b) $8 - 4 = 16 : 4$ c) $8 - 8 = 8 \cdot 0$

$9 \cdot 8 = 80 - 8$ $8 : 4 = 16 : 8$ $8 : 8 = 8 - 7$

8 Wie heißen die Zahlen?

a) Sie gehören zur Achter-Reihe. Sie liegen zwischen 10 und 30.

16, 24

b) Sie gehören zur Achter-Reihe und zur Sechser-Reihe.

24, 48

c) Sie gehören zur Achter-Reihe. Der Zehner ist halb so groß wie der Einer.

24, 48

Verwandte Aufgaben

1 Finde die fehlende Zahl im Kopf. Schreibe auch die vier Aufgaben im Bauch auf.

a)

b)

c)

2 Finde die Zahlen in den Ohren. Schreibe auch die Aufgaben.

a)

b)

c)

3 Welcher Malduin ist es? Schreibe auch die Aufgaben.

a)

b)

1 a)

$3 \cdot 7 = 21$

b)

$1 \cdot 7 = 7$

c)

$5 \cdot 7 = 35$

2
a) $2 \cdot 7 = 14$, $4 \cdot 7 = 28$
b) $7 \cdot 7 = 49$, $6 \cdot 7 = 42$
c) $10 \cdot 7 = 70$, $9 \cdot 7 = 63$
d) $5 \cdot 7 = 35$, $8 \cdot 7 = 56$

3
a) $7 \cdot 1 = 7$, $7 \cdot 8 = 56$
b) $7 \cdot 3 = 21$, $7 \cdot 0 = 0$
c) $7 \cdot 4 = 28$, $7 \cdot 6 = 42$
d) $7 \cdot 2 = 14$, $7 \cdot 9 = 63$

4
a) $5 \cdot 7 + 35 = 70$, $2 \cdot 7 + 14 = 28$
b) $6 \cdot 7 - 7 = 35$, $8 \cdot 7 - 7 = 49$
c) $3 \cdot 7 + 21 = 42$, $9 \cdot 7 + 7 = 70$

5
a) $21 : 7 = 3$, $35 : 7 = 5$
b) $70 : 7 = 10$, $63 : 7 = 9$
c) $14 : 7 = 2$, $28 : 7 = 4$
d) $49 : 7 = 7$, $42 : 7 = 6$

6
a) 2 Wochen 4 Tage = 18 Tage
4 Wochen 2 Tage = 30 Tage
5 Wochen 5 Tage = 40 Tage

b) 16 Tage = 2 Wochen 2 Tage
25 Tage = 3 Wochen 4 Tage
45 Tage = 6 Wochen 3 Tage

7 Eva geht mit Freunden ins Kino. Jedes Kind muss 7 € Eintritt bezahlen. Zusammen bezahlen sie 35 Euro.

F Wie viele Freunde hat Eva mitgenommen?

L $35 : 7 = 5$ (oder $35 € - 7 € = 28 €$; $28 : 7 = 4$)

A 4 Freunde hat Eva mitgenommen. (Mit Eva zusammen sind es 5 Kinder.)

8 Wie heißt die Zahl?

a) Sie gehört zur Siebener-Reihe. Sie liegt zwischen 40 und 50.

42 oder 49

b) Sie gehört zur Siebener-Reihe. Sie liegt zwischen 50 und 60.

56

c) Sie gehört zur Siebener-Reihe und zur Fünfer-Reihe.

35

Übungen

1 Gesunde Kinder sind fröhlich und fit.

Jeden a) TAG sollst du fünfmal

b) OBST oder Gemüse essen.

a)

2 · 5 =	10	T
3 · 3 =	9	A
4 · 2 =	8	G
TAG		

b)

42 : 7 =	6	O
56 : 8 =	7	B
45 : 9 =	5	S
70 : 7 =	10	T
OBST		

2 Gemüse ohne Zucker hilft dir bei deiner Konzentration und sorgt für gesunde Zähne. Diese Sorten kannst du zum Beispiel auch mit in die Schule nehmen: Paprika und a) GURKE und b) SALAT

a)

2 · 4 =	8	G
7 · 7 =	49	U
8 · 8 =	64	R
9 · 9 =	81	K
6 · 6 =	36	E
GURKE		

b)

35 : 7 =	5	S
27 : 3 =	9	A
24 : 6 =	4	L
18 : 2 =	9	A
40 : 4 =	10	T
SALAT		

3 Obst ist gesund. a) APFEL b) BIRNE

a)

7 · 7 − 40 =	9	A
5 · 5 − 10 =	15	P
8 · 7 − 40 =	16	F
4 · 4 + 20 =	36	E
4 · 6 − 20 =	4	L
APFEL		

b)

25 : 5 + 2 =	7	B
27 : 3 + 10 =	19	I
28 : 7 + 60 =	64	R
32 : 8 + 20 =	24	N
36 : 6 + 30 =	36	E
BIRNE		

1

3 | 8 | 7 | 9

$3 \cdot 7 = 21$
$3 \cdot 8 = 24$
$3 \cdot 9 = 27$
$7 \cdot 8 = 56$
$7 \cdot 9 = 63$
$8 \cdot 9 = 72$

2

9 | 5 | 4 | 6

$4 \cdot 5 = 20$
$4 \cdot 6 = 24$
$5 \cdot 6 = 30$
$4 \cdot 9 = 36$
$5 \cdot 9 = 45$
$6 \cdot 9 = 54$

3

8 | 2 | 3 | 6

$2 \cdot 3 = 6$
$2 \cdot 6 = 12$
$2 \cdot 8 = 16$
$3 \cdot 6 = 18$
$3 \cdot 8 = 24$
$6 \cdot 8 = 48$

4

9 | 5 | 10 | 7

$5 \cdot 7 = 35$
$5 \cdot 9 = 45$
$5 \cdot 10 = 50$
$7 \cdot 9 = 63$
$7 \cdot 10 = 70$
$9 \cdot 10 = 90$

5

8 | 3 | 4 | 9

$3 \cdot 4 = 12$
$3 \cdot 8 = 24$
$3 \cdot 9 = 27$
$4 \cdot 8 = 32$
$4 \cdot 9 = 36$
$8 \cdot 9 = 72$

6

8 | 3 | 5 | 7

$3 \cdot 5 = 15$
$3 \cdot 7 = 21$
$3 \cdot 8 = 24$
$5 \cdot 7 = 35$
$5 \cdot 8 = 40$
$7 \cdot 8 = 56$

7

7 | 2 | 8 | 4

$2 \cdot 4 = 8$
$2 \cdot 7 = 14$
$2 \cdot 8 = 16$
$4 \cdot 7 = 28$
$4 \cdot 8 = 32$
$7 \cdot 8 = 56$

8

7 | 3 | 5 | 9

$3 \cdot 5 = 15$
$3 \cdot 7 = 21$
$3 \cdot 9 = 27$
$5 \cdot 7 = 35$
$5 \cdot 9 = 45$
$7 \cdot 9 = 63$

9

8 | 4 | 5 | 9

$4 \cdot 5 = 20$
$4 \cdot 8 = 32$
$4 \cdot 9 = 36$
$5 \cdot 8 = 40$
$5 \cdot 9 = 45$
$8 \cdot 9 = 72$

10

10 | 5 | 6 | 9

$5 \cdot 6 = 30$
$5 \cdot 9 = 45$
$5 \cdot 10 = 50$
$6 \cdot 9 = 54$
$6 \cdot 10 = 60$
$9 \cdot 10 = 90$

Kalender

1 Kreise die Geburtstage der Kinder im Kalender ein:

Nils	25.1.	Jens	17.7.
Eva:	6.2.	Kathrin	13.9.
Tom	19.3.	Lea	1.11.
Anna	10.5.	Alex	25.12.

2016

	Januar	Februar	März	April
Mo	4 11 18 25	1 8 15 22 29	7 14 21 28	4 11 18 25
Di	5 12 19 26	2 9 16 23	1 8 15 22 29	5 12 19 26
Mi	6 13 20 27	3 10 17 24	2 9 16 23 30	6 13 20 27
Do	7 14 21 28	4 11 18 25	3 10 17 24 31	7 14 21 28
Fr	1 8 15 22 29	5 12 19 26	4 11 18 25	1 8 15 22 29
Sa	2 9 16 23 30	6 13 20 27	5 12 19 26	2 9 16 23 30
So	3 10 17 24 31	7 14 21 28	6 13 20 27	3 10 17 24

	Mai	Juni	Juli	August
Mo	2 9 16 23 30	6 13 20 27	4 11 18 25	1 8 15 22 29
Di	3 10 17 24 31	7 14 21 28	5 12 19 26	2 9 16 23 30
Mi	4 11 18 25	1 8 15 22 29	6 13 20 27	3 10 17 24 31
Do	5 12 19 26	2 9 16 23 30	7 14 21 28	4 11 18 25
Fr	6 13 20 27	3 10 17 24	1 8 15 22 29	5 12 19 26
Sa	7 14 21 28	4 11 18 25	2 9 16 23 30	6 13 20 27
So	1 8 15 22 29	5 12 19 26	3 10 17 24 31	7 14 21 28

	September	Oktober	November	Dezember
Mo	5 12 19 26	3 10 17 24 31	7 14 21 28	5 12 19 26
Di	6 13 20 27	4 11 18 25	1 8 15 22 29	6 13 20 27
Mi	7 14 21 28	5 12 19 26	2 9 16 23 30	7 14 21 28
Do	1 8 15 22 29	6 13 20 27	3 10 17 24	1 8 15 22 29
Fr	2 9 16 23 30	7 14 21 28	4 11 18 25	2 9 16 23 30
Sa	3 10 17 24	1 8 15 22 29	5 12 19 26	3 10 17 24 31
So	4 11 18 25	2 9 16 23 30	6 13 20 27	4 11 18 25

2 Welcher Wochentag ist es?

1.1.	1.4.
Freitag	Freitag
1.5.	3.10.
Sonntag	Montag
11.11.	24.12.
Freitag	Samstag

3 Schreibe das Datum auf zwei Arten.

27. Februar 2015	27. 2. 2015
28. April 2016	28. 4. 2016
30. Juni 2020	30. 6. 2020
17. Juli 2019	17. 7. 2019

19. August 2015	19.8.2015
16. November 2008	16.11.2008
12. Januar 2016	12.1.2016
1. März 2018	1.3.2018

4 a) Wie viele Tage hat der Dezember? 31 Tage.

b) Wie viele Tage hat der Juni? 30 Tage.

c) Wie viele Tage haben die Monate Juli und August zusammen? 62 Tage.

d) Wie viele Tage hat der Februar im Jahr 2016? 29 Tage.

5 In den Sommerferien fahren einige Kinder in ein Zeltlager an die Nordsee.

a) Kim und Jonas kommen am 17. Juli an und fahren am 24. Juli wieder ab.

Wie viele Nächte haben sie im Zeltlager geschlafen?

7 Nächte haben sie im Zeltlager geschlafen.

b) Julia kommt am 1. August vor dem Mittagessen um 11.30 Uhr an, am 8. August reist sie um 17 Uhr wieder ab.

An wie vielen Tagen hat sie dort Mittag gegessen?

An 8 Tagen hat sie dort Mittag gegessen.

1 Welche Aufgaben rechnet Jannis? Schreibe die Aufgabe auf, dann löse sie.

a) +30 +2
43 73 75
43 + 32 = 75

b) +50 +3
36 86 89
36 + 53 = 89

c) +20 +9
61 81 90
61 + 29 = 90

2
a) 55 + 33 = 88
48 + 41 = 89
23 + 45 = 68

b) 62 + 15 = 77
13 + 74 = 87
71 + 27 = 98

c) 30 + 46 = 76
44 + 15 = 59
74 + 26 = 100

d) 51 + 28 = 79
27 + 60 = 87
33 + 66 = 99

3 Schau auf die Einer. Zehnerfreunde helfen.

a) 72 + 18 = 90
36 + 24 = 60

b) 35 + 45 = 80
43 + 27 = 70

c) 29 + 11 = 40
17 + 33 = 50

d) 34 + 66 = 100
41 + 49 = 90

4 Löse mit dem Rechenstrich.

a) 65 + 27 = 92
+ 20 + 7
65 85 92

b) 58 + 36 = 94
+ 30 + 6
58 88 94

c) 37 + 48 = 85
+ 40 + 8
37 77 85

5 Wie rechnest du?

a) 67 + 26 = 93
b) 49 + 42 = 91
c) 46 + 25 = 71

Individuelle Lösungswege

6
a) 45 + 27 = 72
b) 16 + 59 = 75
c) 65 + 28 = 93

Individuelle Lösungswege

7
a) 23 + 38 = 61
43 + 38 = 81

b) 27 + 26 = 53
27 + 46 = 73

c) 33 + 58 = 91
67 + 17 = 84

d) 45 + 37 = 82
18 + 58 = 76

Übungen zum Addieren

1 a) 35 + 34 = 69
46 + 47 = 93
24 + 52 = 76

b) 48 + 15 = 63
76 + 16 = 92
69 + 11 = 80

c) 33 + 26 = 59
63 + 27 = 90
38 + 43 = 81

d) 18 + 64 = 82
38 + 57 = 95
12 + 58 = 70

~~59~~ ~~63~~ ~~69~~ ~~70~~ ~~76~~ ~~80~~ ~~81~~ ~~82~~ ~~90~~ ~~92~~ ~~93~~ 94 ~~95~~

2 a) 24 + 39 = 63
45 + 49 = 94
73 + 19 = 92

b) 26 + 49 = 75
53 + 29 = 82
67 + 19 = 86

c) 44 + 29 = 73
16 + 69 = 85
32 + 59 = 91

~~63~~ ~~73~~ ~~75~~ 76 ~~82~~ ~~85~~ ~~86~~ ~~91~~ ~~92~~ ~~94~~

3 a) 49 + 33 = 82
29 + 56 = 85
69 + 14 = 83

b) 29 + 25 = 54
39 + 27 = 66
79 + 12 = 91

c) 19 + 55 = 74
49 + 28 = 77
39 + 59 = 98

~~54~~ ~~66~~ ~~74~~ ~~77~~ ~~82~~ ~~83~~ ~~85~~ ~~91~~ 95 ~~98~~

4

Wähle zwei Zahlen. Addiere sie.

Die Summe soll kleiner als 40 sein. Es gibt sieben Aufgaben.

5 + 9 = 14
5 + 15 = 20
5 + 27 = 32
5 + 30 = 35
9 + 15 = 24
9 + 27 = 36
9 + 30 = 39

14 20 24 32 35 36 39

5

Wähle zwei Zahlen. Addiere sie.

a) Die Summe soll kleiner als 50 sein. Es gibt sieben Aufgaben.

6 + 8 = 14
6 + 20 = 26
6 + 33 = 39
6 + 39 = 45
8 + 20 = 28
8 + 33 = 41
8 + 39 = 47

14 26 28 39 41 45 47

b) Die Summe soll zwischen 60 und 80 liegen. Es gibt acht Aufgaben.

6 + 55 = 61
6 + 70 = 76
8 + 55 = 63
8 + 70 = 78
20 + 44 = 64
20 + 55 = 75
33 + 39 = 72
33 + 44 = 77

61 63 64 72 75 76 77 78

c) Die Summe ist genau 88. Es gibt eine Aufgabe. 33 + 55 = 88

1 Welche Aufgaben rechnet Mia? Schreibe die Aufgabe auf, dann löse sie.

a)
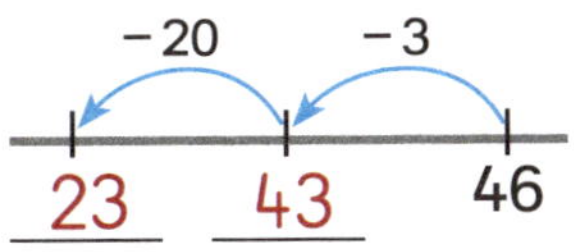

46 − 23 = 23

b)
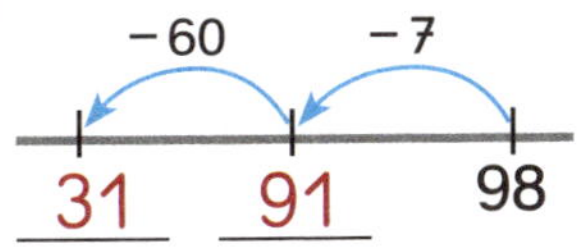

98 − 67 = 31

c)
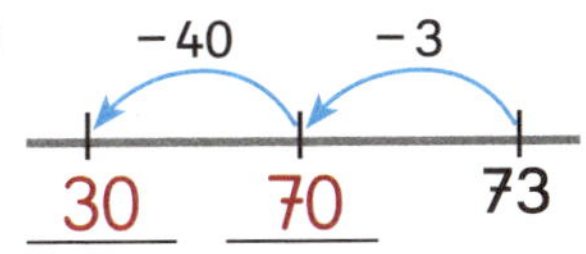

73 − 43 = 30

2

a)	b)	c)	d)
59 − 36 = 23	76 − 13 = 63	92 − 60 = 32	25 − 23 = 2
64 − 22 = 42	88 − 34 = 54	37 − 15 = 22	74 − 41 = 33
78 − 45 = 33	97 − 53 = 44	66 − 55 = 11	89 − 35 = 54

3 Schau auf die Einer.

a)	b)	c)	d)
57 − 27 = 30	93 − 33 = 60	66 − 56 = 10	99 − 9 = 90
78 − 48 = 30	72 − 12 = 60	55 − 45 = 10	100 − 10 = 90

4 Löse mit dem Rechenstrich.

a) 74 − 36 = 38

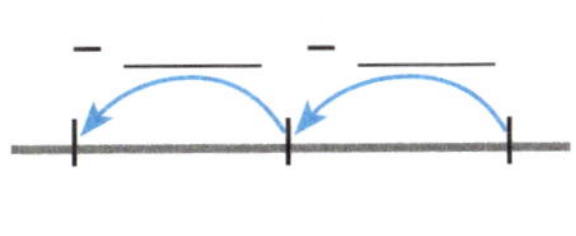

b) 95 − 67 = 28

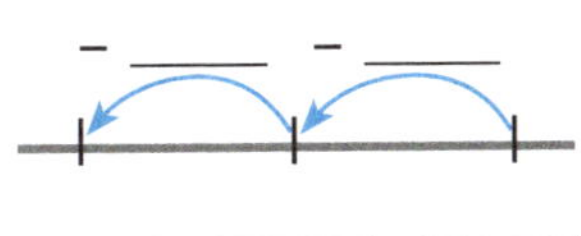

c) 42 − 18 = 24

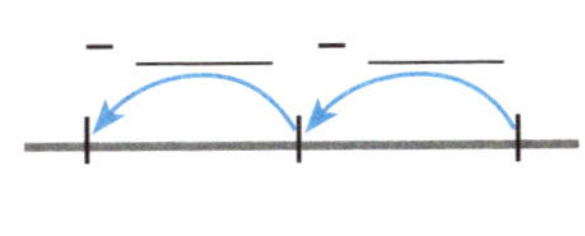

verschiedene Lösungswege

5 Wie rechnest du?

a) 84 − 35 = 49 b) 51 − 26 = 25 c) 93 − 37 = 56

Individuelle Lösungswege

6 a) 61 − 38 = 23 b) 80 − 65 = 15 c) 75 − 58 = 17

Individuelle Lösungswege

7

a)	b)	c)	d)
66 − 38 = 28	84 − 27 = 57	72 − 44 = 28	76 − 67 = 9
96 − 38 = 58	84 − 47 = 37	63 − 55 = 8	74 − 47 = 27

Übungen zum Subtrahieren

1
a) 82 – 35 = 47 b) 42 – 16 = 26 c) 44 – 27 = 17 d) 81 – 54 = 27
96 – 57 = 39 71 – 28 = 43 53 – 18 = 35 75 – 37 = 38
74 – 56 = 18 63 – 35 = 28 93 – 73 = 20 62 – 56 = 6

6 17 18 20 26 27 28 35 38 39 43 45 47

2 Zahl minus Spiegelzahl
a) 73 – 37 = 36 b) 96 – 69 = 27 c) 64 – 46 = 18 d) 76 – 67 = 9
62 – 26 = 36 85 – 58 = 27 53 – 35 = 18 65 – 56 = 9
51 – 15 = 36 74 – 47 = 27 42 – 24 = 18 54 – 45 = 9

3
a) 54 – 39 = 15 b) 86 – 49 = 37 c) 53 – 29 = 24
75 – 49 = 26 93 – 29 = 64 92 – 69 = 23
63 – 19 = 44 46 – 19 = 27 71 – 59 = 12

4
a) 67 – 8 – 27 = 32 b) 61 – 31 – 5 = 25 c) 65 – 27 – 3 = 35
83 – 6 – 33 = 44 92 – 42 – 8 = 42 54 – 35 – 5 = 14
72 – 7 – 52 = 13 44 – 34 – 9 = 1 96 – 58 – 2 = 36

1 13 14 25 32 35 36 42 44 45

5 Wie geht es weiter?

a)
64 – 35 = 29
64 – 36 = 28
64 – 37 = 27
64 – 38 = 26
64 – 39 = 25

b)
75 – 28 = 47
65 – 28 = 37
55 – 28 = 27
45 – 28 = 17
35 – 28 = 7

c)
81 – 27 = 54
81 – 37 = 44
81 – 47 = 34
81 – 57 = 24
81 – 67 = 14

6 Jede Regel gehört zu einem Päckchen in Aufgabe 5.
Setze die Regeln fort und ordne sie dem richtigen Päckchen zu.

Regel A
Erste Zahl immer gleich, zweite Zahl immer 10 mehr, Ergebnis immer 10 weniger.
Päckchen c)

Regel B
Erste Zahl immer gleich, zweite Zahl immer 1 mehr, Ergebnis immer 1 weniger.
Päckchen a)

Regel C
Erste Zahl immer 10 weniger, zweite Zahl immer gleich, Ergebnis immer 10 weniger.
Päckchen b)

1 Trage die Zahlen in die Hundertertafel ein.

a) 3, 13, 23, 33, 43, 53, 63, 73, 83, 93

b) 52, 53, 54, 55, 56, 57, 58, 59

1		3	▲				▲		10
11		13							20
21	22	23					■		30
31	■	33			▲				40
41		43	44	■					50
51	52	53	54	55	56	57	58	59	60
61	▲	63		▲	66		■		70
71		73			■	77			80
81		83	■				88		90
91		93					▲	99	100

2 Auf welchen Plätzen liegen die Plättchen in der Hundertertafel?
Schreibe von klein nach groß auf.

▲ (blau) 4, 62, 98 ■ (rot) 28, 45, 84

▲ (gelb) 8, 36, 65 ■ (grün) 32, 68, 76

3 Trage alle Zahlen ein, die zwei gleiche Ziffern haben. siehe Hundertertafel

4 Trage die fehlenden Zahlen ein.

a)

11	12	13
21	22	23
31	32	33

b)

28	29	30
38	39	40
48	49	50

c)

75	76	77
85	86	87
95	96	97

d)

33	34	35
43	44	45
53	54	55

5 a)

55		
65	66	67
		77

b)

53	54	55
	64	
	74	

c)

	18	19
	28	
37	38	

d)

23		
33	34	35
43		

6 a) Färbe alle Felder rot, in denen eine Zahl mit der Ziffer 4 steht.

1									10
11									20
21									30
31									40
41									50
51									60
61									70
71									80
81									90
91									100

Es sind 19 rote Felder.

b) Färbe alle Felder gelb, in denen eine Zahl mit der Ziffer 9 steht.

1									10
11									20
21									30
31									40
41									50
51									60
61									70
71									80
81									90
91									100

Es sind 19 gelbe Felder.

c) Wie viele Felder gibt es, in denen eine Zahl mit der Ziffer 4 **und** der Ziffer 9 steht? 2 (49 und 94)

Muster in der Hundertertafel

1 Addiere die Zahlen über Kreuz.

a)

23	24
33	34

23 + 34 = 57

33 + 24 = 57

b)

15	16
25	26

15 + 26 = 41

25 + 16 = 41

c)

37	38
47	48

37 + 48 = 85

47 + 38 = 85

d)

26	27
36	37

26 + 37 = 63

36 + 27 = 63

2 Ergänze die fehlenden Zahlen, dann addiere über Kreuz.

a)

28	29
38	39

28 + 39 = 67

38 + 29 = 67

b)

38	39
48	49

38 + 49 = 87

48 + 39 = 87

3 Kim hat vier Zahlen über Kreuz addiert.
Ihr Ergebnis heißt 33.
Finde Kims Zahlen.

11	12
21	22

11 + 22 = 33

21 + 12 = 33

4 Welche Einmaleinsreihen sind es? Markiere auch die weiteren Zahlen.

a)

1			●				●		10
11	●				●				20 ●
21			●				●		30
31	●				●				40 ●
41									50
51									60
61									70
71									80
81									90
91									100

Vierer-Reihe

b)

1							●		10
11					●				20
21			●						30
31	●								40 ●
41							●		50
51					●				60
61			●						70
71	●								80 ●
81									90
91									100

Achter-Reihe

c)

1					●				10
11	●						●		20
21			●						30 ●
31					●				40
41	●						●		50
51			●						60 ●
61									70
71									80
81									90
91									100

Sechser-Reihe

5 a) Markiere mit gelben Punkten die Zahlen der Zweier-Reihe. Gehe auch über 20, immer 2 dazu.

b) Kreuze die Zahlen der Vierer-Reihe blau an. Gehe auch über 40, immer 4 dazu.

c) Welche Zahlen der Zweier-Reihe gehören nicht zur Vierer-Reihe? Gehe auch über 20.

1	●		✗		●		✗		10 ●
11	✗		●		✗		●		20 ●✗
21	●		✗		●		✗		30 ●
31	✗		●		✗		●		40 ●✗
41	●		✗		●		✗		50 ●
51	✗		●		✗		●		60 ●✗
61	●		✗		●		✗		70 ●
71	✗		●		✗		●		80 ●✗
81	●		✗		●		✗		90 ●
91	✗		●		✗		●		100 ●✗

2, 6, 10, 14, 18, 22, 26, 30, 34, 38, 42, 46, 50, 54, 58,
62, 66, 70, 74, 78, 82, 86, 90, 94, 98

zu Seite 115

1 a)

	· 3	+ 9	: 3
3	9	18	6
5	15	24	8
4	12	21	7
7	21	30	10

b) Vergleiche die Zielzahl mit der Startzahl. Wie heißt die Regel?

Die Zielzahl ist immer 3 größer als die Startzahl.

2 a)

	· 6	− 30	: 6
6	36	6	1
8	48	18	3
10	60	30	5

b) Vergleiche die Zielzahl mit der Startzahl. Wie heißt die Regel?

Die Zielzahl ist immer 5 kleiner als die Startzahl.

3 a)

	· 6	: 9	· 3
3	18	2	6
6	36	4	12
9	54	6	18

b) Zahlix behauptet: „Ich kann auch die Startzahl 5 nehmen." Geht das?

Nein, denn im zweiten Schritt kann man 30 nicht durch 9 teilen.

4 Finde die Startzahlen.

	· 4	: 2	· 5
4	16	8	40
5	20	10	50
1	4	2	10

Uhrzeiten

1 Wie viel Uhr ist es? Schreibe beide Möglichkeiten auf.

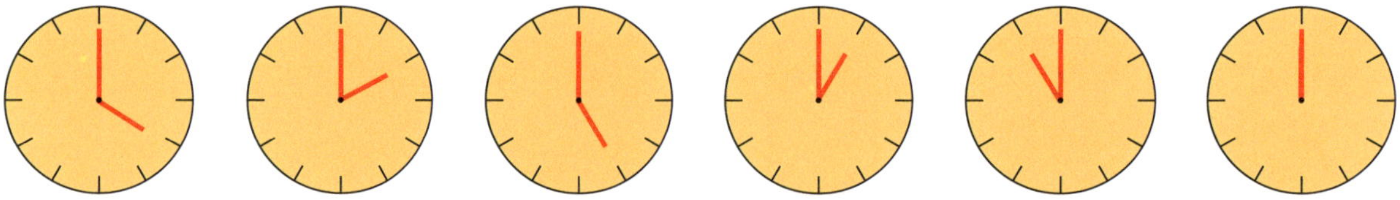

4 Uhr	2 Uhr	5 Uhr	1 Uhr	11 Uhr	0 Uhr
16 Uhr	14 Uhr	17 Uhr	13 Uhr	23 Uhr	24 Uhr

2 Zeichne und schreibe wie im Beispiel.

16:30	14:30	19:30	21:30	23:30

halb 5	halb 3	halb 8	halb 10	halb 12

3 Beginn der Fütterungen. Stelle die Uhrzeit auf deiner Spieluhr ein. Zeichne die Zeiger ein.

Tiger	Pinguine	Affen	Elefanten

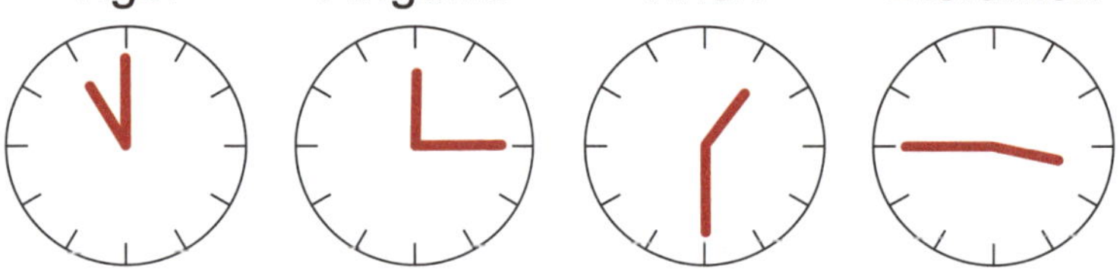

4 Zeichne die Zeiger ein und schreibe beide Uhrzeiten auf.

Viertel nach 2	halb 6	Viertel vor 3	Viertel nach 10	halb 4

2.15 Uhr	5.30 Uhr	2.45 Uhr	10.15 Uhr	3.30 Uhr
14.15 Uhr	17.30 Uhr	14.45 Uhr	22.15 Uhr	15.30 Uhr

5 Zeichne die Zeiger ein und schreibe beide Uhrzeiten auf.

Viertel vor 9	Viertel nach 9	Viertel vor 10	Viertel nach 11	Viertel vor 12

8.45 Uhr	9.15 Uhr	9.45 Uhr	11.15 Uhr	11.45 Uhr
20.45 Uhr	21.15 Uhr	21.45 Uhr	23.15 Uhr	23.45 Uhr

1 Wie lange dauert es?

Flöten
16.00 Uhr
bis
16.45 Uhr

45 min

Schwimmen
15.30 Uhr
bis
16.30 Uhr

1 h

Gassi gehen
8.15 Uhr
bis
8.45 Uhr

30 min

Einkaufen
9.45 Uhr
bis
10.30 Uhr

45 min

2 Wie lange dauert es?

a) von 20.15 Uhr bis 20.45 Uhr
30 min

b) von 18.45 Uhr bis 19.30 Uhr
45 min

c) von 13.30 Uhr bis 14.00 Uhr
30 min

d) von 21.00 Uhr bis 21.45 Uhr
45 min

3 Wie lange dauert es?

a) von Viertel vor 2 bis halb 3
45 min

b) von Viertel nach 5 bis halb 6
15 min

c) von 7 bis halb 8
30 min

d) von halb 8 bis Viertel nach 8
45 min

4 Wie lange hat die Bücherei an diesen Tagen geöffnet?

Montag: 45 min

Dienstag: 30 min

Mittwoch: 0 min

Donnerstag: 45 min

Freitag: 30 min

Öffnungszeiten:
Montag und Donnerstag
13.30 – 14.15 Uhr
Dienstag und Freitag
14.15 – 14.45 Uhr
Mittwoch geschlossen

5 Wie viele Sekunden sind vergangen?

15 s

45 s

10 s

55 s

30 s

40 s

6 Setze ein: Stunden (h), Minuten (min), Sekunden (s).

a) Eine Schulstunde dauert 45 min.

b) Ein Kind schläft nachts 10 h.

c) Arne läuft die 50-m-Strecke in 9 s.

d) Das Fußballspiel dauert 90 min.

e) Die Pause dauert 15 min.

f) Das Fußballtraining dauert 1 h.

Körper

1 Zu welchen Körpern passen die Wortkarten? Verbinde.

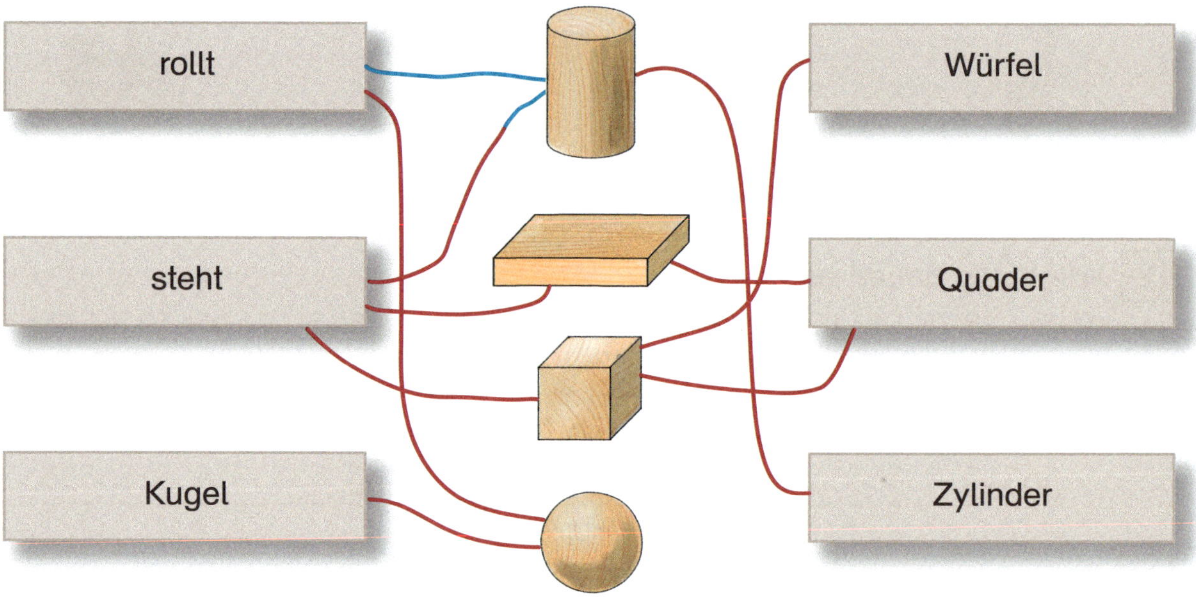

2 Wie viele Quader siehst du? Wie viele davon sind Würfel?
Wie viele Kugeln und Zylinder sind es?

a)

Quader,	9
davon Würfel	3
Kugeln	3
Zylinder	2

b)

Quader,	8
davon Würfel	4
Kugeln	2
Zylinder	1

c)

Quader,	8
davon Würfel	6
Kugeln	4
Zylinder	3

d)

Quader,	9
davon Würfel	5
Kugeln	0
Zylinder	1

1 Wie viele Würfel sind es?

a) 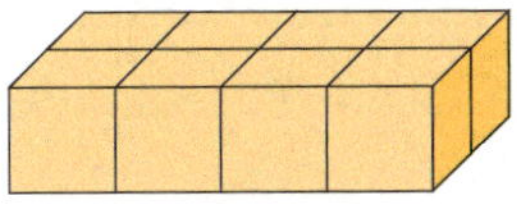

8 Würfel

b) 

16 Würfel

c) 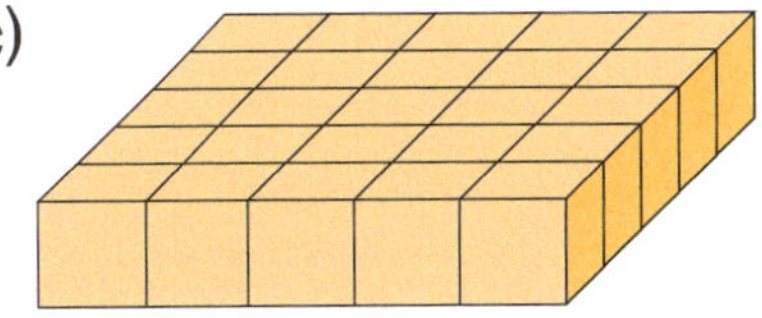

25 Würfel

2 Wie viele Würfel sind es?

a) 

18 Würfel

b) 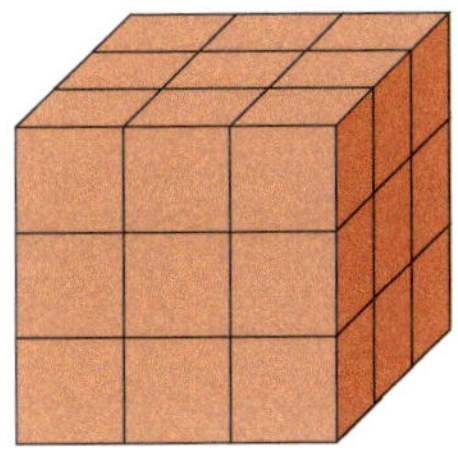

27 Würfel

c) 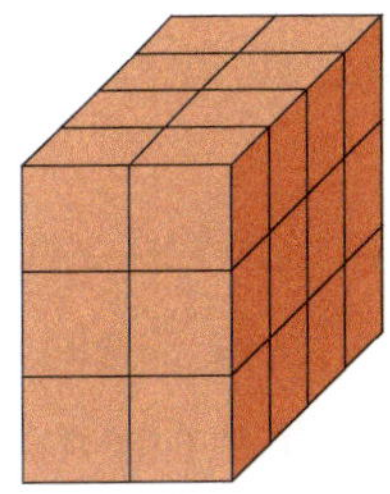

24 Würfel

3 Nina will aus kleinen Würfeln einen großen bauen.
Wie viele Würfel braucht sie jeweils noch?

a) 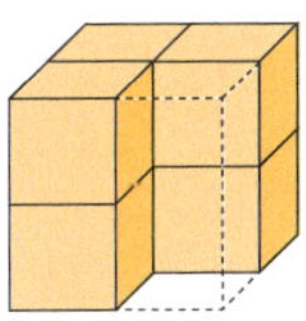

Sie braucht noch 2 Würfel.

b) 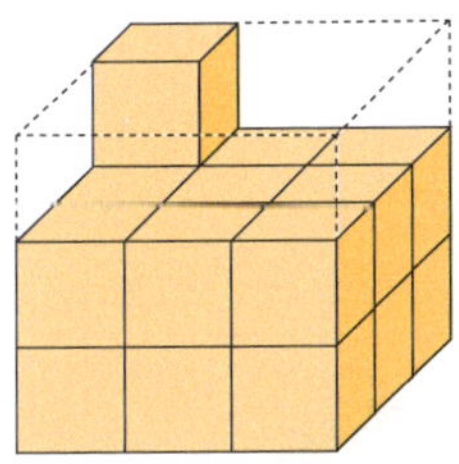

Sie braucht noch 8 Würfel.

c) 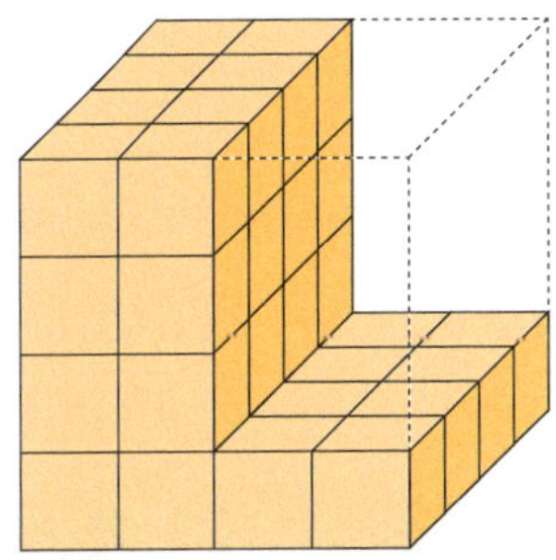

Sie braucht noch 24 Würfel.

4 Verbinde gleiche Bauwerke.

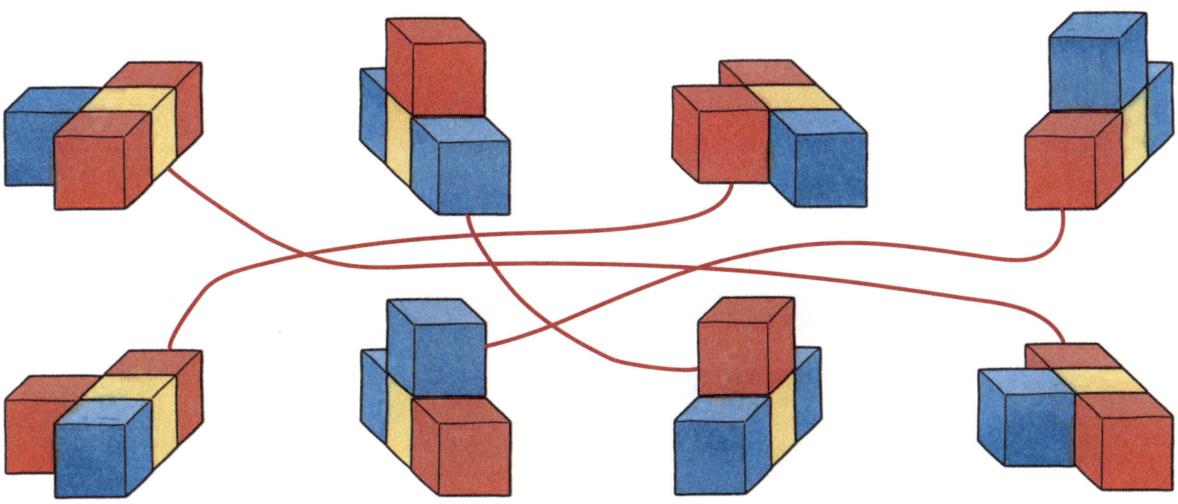

Strichlisten und Schaubilder

1 In der Klasse 2a sind 27 Kinder. Zwei Kinder haben drei Geschwister. Elf Kinder haben einen Bruder oder eine Schwester. Ein Kind hat sechs Geschwister, sechs Kinder haben zwei Geschwister.

a) Trage die Zahlen in die Tabelle ein.

b) Wie viele Kinder haben keine Geschwister? 7

2 Zeichne zu den Zahlen von Aufgabe 1 ein Schaubild. Für ein Kind nimm ein Kästchen.

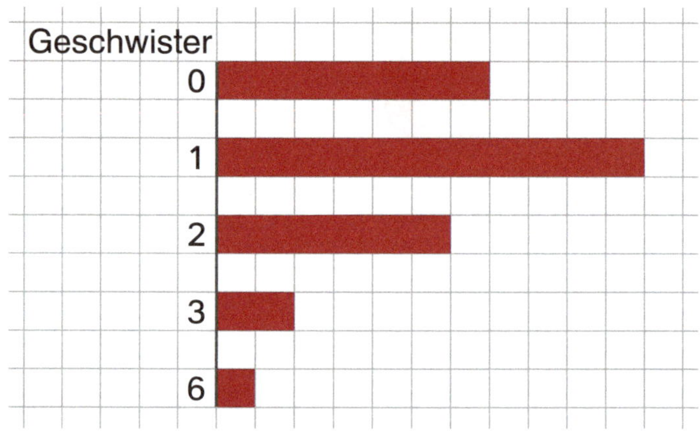

3 Die Klasse 2b hat im Schaubild die verschiedenen Sportarten der Kinder dargestellt. In der Klasse sind 25 Kinder, davon sind 14 Jungen. Lies die Zahlen aus dem Schaubild ab und trage sie in die Tabelle ein.

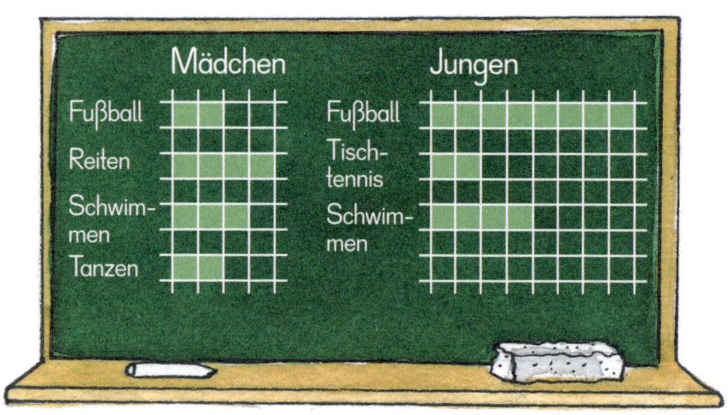

	Mädchen	Jungen
Fußball	2	8
Reiten	4	0
Schwimmen	3	4
Tanzen	2	0
Tischtennis	0	2

4 In der Tabelle stehen die Lieblingssportarten der Jungen der 1. und 2. Schuljahre. Zeichne ein Schaubild dazu. Für zwei Kinder nimm ein Kästchen.

Fußball	42
Schwimmen	12
Tischtennis	8

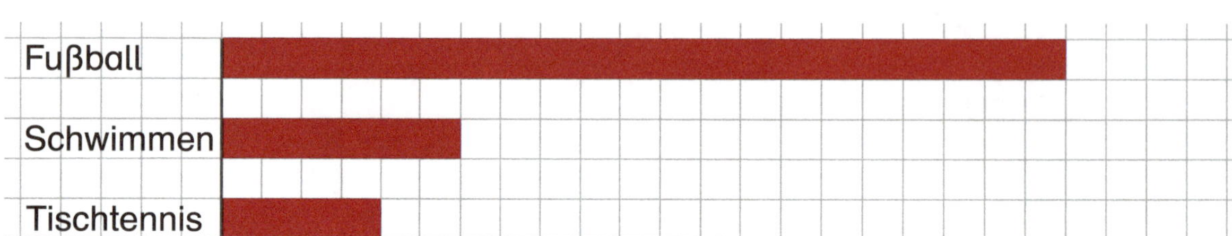

1 Herr und Frau Keller gehen mit ihren zwei Kindern zum Pfeile werfen.
Oma Keller möchte es auch versuchen.

F Wie viel Euro müssen sie zusammen bezahlen?

L 4 € + 1 € + 2 € = 7 €

A 7 € müssen sie bezahlen.

2

PFEILE WERFEN					
	50	20	10	Punkte	Rang
Herr Keller		II	I	50	4
Frau Keller		I	II	40	5
Lisa	I	I	I	80	1
Walter	I		II	70	2
Oma		III		60	3

3 Opa hat einmal die Mitte und zweimal den äußeren Rand getroffen.

F Wie viel Punkte hat Opa erzielt?

L 50 + 10 + 10 = 70

A 70 Punkte hat Opa erzielt.

4 Lisa und Walter hängen sechs Laternen zwischen zwei Masten auf.
Der Abstand zwischen den Laternen ist immer 2 m.
Der Abstand zwischen Masten und Laterne ist 1 m.
Löse mit einer Skizze. Nimm zwei Kästchen für 1 m.

F Wie weit stehen die Masten auseinander?

L

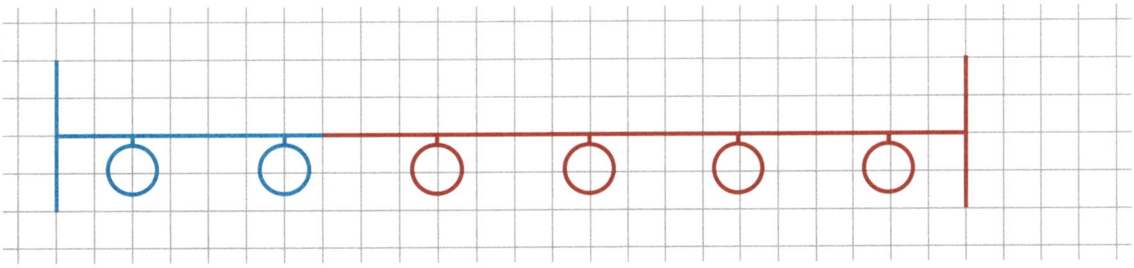

A 12 m weit stehen die Masten auseinander.

Zufall und Wahrscheinlichkeit

1 Tom angelt einen Fisch. Sicher, möglich oder unmöglich?

a) Tom angelt einen roten Fisch: möglich

b) Tom angelt einen blauen Fisch: möglich

c) Tom angelt einen gelben Fisch: unmöglich

2 Mia angelt zwei Fische. Sicher, möglich oder unmöglich?

a) Mia angelt einen roten und einen gelben Fisch: möglich

b) Mia angelt zwei gelbe Fische: möglich

c) Mia angelt zwei rote Fische: unmöglich

d) Mia angelt einen gelben und einen blauen Fisch: unmöglich

3 Sicher, möglich oder unmöglich. Die Kinder geben Beispiele für Ihre Aquarien. Von wem können die Sätze stammen?

Nelly

Ali

Lea

a) Sicher: „Ich fange sicher einen gelben Fisch." Ali

b) Möglich: „Ich fange zwei rote Fische." Nelly

c) Unmöglich: „Ich fange einen gelben Fisch." Lea

d) Möglich: „Ich fange zwei gelbe Fische." Nelly / Ali

4 Male passende Fische in die Aquarien, in jedes Aquarium drei Fische.

a) Möglich: „Ich fange einen roten Fisch."

Beispiel:

Es gibt verschiedene Lösungen, 1 oder 2 Fische müssen rot sein.

b) Sicher: „Ich fange einen roten Fisch."